Experimentando a terapia cognitivo-
-comportamental
de dentro para fora

A Artmed é a editora
oficial da FBTC

E96 Experimentando a terapia cognitivo-comportamental de dentro para fora: um manual de autoprática/autorreflexão para terapeutas / James Bennett-Levy... [et al.] ; tradução: Sandra Maria Mallmann da Rosa ; revisão técnica: Carmem Beatriz Neufeld. – Porto Alegre : Artmed, 2023.
xviii, 283 p. ; 25 cm.

ISBN 978-65-5882-126-7

1. Psicoterapia. 2. Terapia cognitivo-comportamental. I. Bennet-Levy, James.

CDU 159.92:615.851

Catalogação na publicação: Karin Lorien Menoncin – CRB 10/2147

James **Bennett-Levy**
Richard **Thwaites**
Beverly **Haarhoff**
Helen **Perry**

Experimentando a terapia cognitivo-comportamental de dentro para fora

um manual de autoprática/autorreflexão para terapeutas

Tradução
Sandra Maria Mallmann da Rosa

Revisão técnica
Carmem Beatriz Neufeld
Professora associada do Departamento de Psicologia da Faculdade de Filosofia, Ciências e Letras de Ribeirão Preto (FFCLRP) da Universidade de São Paulo (USP).
Fundadora e coordenadora do Laboratório de Pesquisa e Intervenção Cognitivo-comportamental (LaPICC-USP).
Mestra e Doutora em Psicologia pela Pontifícia Universidade Católica do Rio Grande do Sul (PUCRS).
Bolsista produtividade do CNPq.
Presidente da Federación Latinoamericana de Psicoterapias Cognitivas y Comportamentales (ALAPCCO — Gestão 2019-2022/2022-2025).
Presidente fundadora da Associação de Ensino e Supervisão Baseados em Evidências (AESBE — 2020-2023).

Porto Alegre
2023

Obra originalmente publicada sob o título
Experiencing CBT from the inside out: a self-practice/self-reflection workbook for therapists
ISBN 9781462518890

Copyright © 2015 The Guilford Press. A Division of Guilford Publications, Inc.

Gerente editorial
Letícia Bispo de Lima

Colaboraram nesta edição:
Coordenadora editorial
Cláudia Bittencourt

Capa
Paola Manica | Brand&Book

Preparação de original
Giovana Silva da Roza e Fernanda Luzia Anflor Ferreira

Leitura final
Sandra Helena Milbratz Chelmicki

Editoração
Ledur Serviços Editoriais Ltda.

Reservados todos os direitos de publicação, em língua portuguesa, ao
GRUPO A EDUCAÇÃO S.A.
(Artmed é um selo editorial do GRUPO A EDUCAÇÃO S.A.)
Rua Ernesto Alves, 150 – Bairro Floresta
90220-190 – Porto Alegre – RS
Fone: (51) 3027-7000

SAC 0800 703 3444 – www.grupoa.com.br

É proibida a duplicação ou reprodução deste volume, no todo ou em parte, sob quaisquer formas ou por quaisquer meios (eletrônico, mecânico, gravação, fotocópia, distribuição na Web e outros), sem permissão expressa da Editora.

IMPRESSO NO BRASIL
PRINTED IN BRAZIL

*Para Concord – Ann, Melanie, Gillian e Martina –,
cujas habilidades clínicas e amizade tornaram meus anos no
Oxford Cognitive Therapy Centre os tempos mais enriquecedores.
J. B-L.*

*Para Sarah, por seu estímulo e compreensão,
e a toda a equipe dentro do Primeiro Passo,
que apoiou a AP/AR e foi parte de um processo de aprendizagem conjunta.
R. T.*

*Para Errol, melhor amigo e companheiro de viagem,
e a todos os alunos de pós-graduação em TCC da Massey University,
que tanto me ensinaram.
B. H.*

*Aos meus pais, cujo orgulho por mim nunca se abalou,
e a Dave, pelo apoio e pelo espaço proporcionado,
especialmente durante esta jornada.
H. P.*

Autores

James Bennett-Levy, PhD, é professor associado de Saúde Mental do Centro Universitário para Saúde Rural na University of Sydney, Austrália. É pioneiro no treinamento autoexperiencial de terapia cognitivo-comportamental (TCC) desde a publicação do seu primeiro artigo sobre autoprática e autorreflexão (AP/AR), em 2001, além de ter contribuído de forma importante para a literatura de formação de terapeutas com mais de 25 publicações sobre formação em TCC. Em particular, seu modelo Declarativo-Procedural-Reflexivo, de 2006, para o desenvolvimento de habilidades terapêuticas, é amplamente usado e citado. O Dr. Bennett-Levy é coautor ou coorganizador de três livros sobre prática de TCC, incluindo, mais recentemente, o *Oxford guide to imagery in cognitive therapy*.

Richard Thwaites, DClinPsy, é psicólogo clínico consultor e terapeuta de TCC que atua como diretor clínico em um grande serviço de terapias psicológicas do Serviço Nacional de Saúde do Reino Unido. Além de realizar terapia, ele fornece liderança clínica, supervisão, treinamento e consultoria em TCC, incluindo a implementação de programas de AP/AR. Seus interesses recentes em pesquisa incluem o papel da relação terapêutica na TCC e o uso da prática reflexiva no processo de desenvolvimento de habilidades.

Beverly Haarhoff, PhD, é psicóloga clínica e palestrante sênior na Escola de Psicologia da Massy University, Auckland, Nova Zelândia, onde sua participação foi fundamental para a criação do primeiro diploma de pós-graduação em TCC no Hemisfério Sul. Nos últimos 14 anos, ela tem treinado e supervisionado em TCC e psicologia clínica. Sua pesquisa tem focado principalmente AP/AR como mecanismos para apoiar e melhorar a aquisição de habilidades de terapeutas de TCC em todos os níveis de desenvolvimento. A Dra. Haarhoff atua na prática privada e regularmente ministra *workshops* de treinamento de TCC.

Helen Perry, MA, é palestrante sênior adjunta na University of Sydney e psicóloga clínica. Teve papel fundamental na criação do programa de graduação em TCC da Massey University e é instrutora e supervisora de TCC. Foi gerente de projeto de um estudo de pesquisa com foco em treinamento *on-line* em TCC e coautora de dois trabalhos sobre o tema. Ao longo da vida, atuou em uma ampla gama de cenários clínicos. Seus interesses especiais são depressão e ansiedade complexas/comórbidas, e transtornos relacionados a trauma e estresse.

Agradecimentos

Agradecemos imensamente a inúmeros coautores e colegas que, de uma forma ou de outra, apoiaram o desenvolvimento da AP/AR durante os últimos 15 anos. Eles incluem Mark Freeston, Nicole Lee, Anna Chaddock, Melanie Davis, Sonja Pohlmann, Elizabeth Hamernik, Katrina Travers, Rick Turner, Michelle Smith, Bethany Paterson, Taryn Beaty, Sarah Farmer, Melanie Fennell, Ann Hackmann, James Hawkins, Bev Taylor, Paul Farrand, Marie Chellingsworth, Craig Chigwedere, Anton-Rupert Laireiter, Ulrike Willutski, Alec Grant, Clare Rees, Kathryn Schneider, Païvi Niemi, Juhani Tiuraniemi, Niccy Fraser, Jan Wilson, Samantha Spafford, Derek Milne, Paul Cromarty e Peter Armstrong. Também gostaríamos de agradecer a Angie Cucchi e aos participantes da AP/AR em Cumbria e Auckland que forneceram *feedbacks* valiosos para os primeiros esboços do novo livro de exercícios de AP/AR. Nosso especial agradecimento e amor aos nossos parceiros, Judy, Sarah, Errol e David, que suportaram o ônus das horas associais que dedicamos à escrita deste livro. Reconhecemos a inestimável contribuição de Christine A. Padesky à terapia cognitivo-comportamental (TCC) contemporânea, e somos muito gratos por generosamente ter concordado em escrever a Apresentação deste livro. Finalmente, nosso muito obrigado aos inúmeros membros da equipe da The Guilford Press por seu grande serviço e apoio, em particular à editora de produção sênior Jeannie Tang; ao revisor Philip Holthaus; à editora-chefe Judith Grauman, por sua flexibilidade e atenção na coordenação do livro durante sua fase de produção; e à editora sênior Kitty Moore, que deu grande incentivo e apoio a este projeto desde os primeiros minutos do nosso encontro em São Francisco.

Apresentação

Uma das melhores formas de aprender terapia cognitivo-comportamental (TCC) é usá-la na sua própria vida. Somente por meio da prática semanal e diária você poderá avaliar o poder dos métodos usados; seu impacto emocional, cognitivo e comportamental; e os obstáculos que os clientes provavelmente enfrentarão ao usá-los. Por essa razão, fui meu primeiro cliente de TCC e sempre incluí a autoprática em meus programas de treinamento e *workshops*.

 O que aprendi com a minha autoprática e autorreflexão? Além de desfrutar de melhor humor e autocompreensão, aprendi que minha prática pessoal torna a TCC mais crível para meus clientes. Com frequência, eles ficam surpresos ou tocados quando digo: "Inicialmente, quando usei esse método, eu o achei difícil, mas depois de algumas semanas ele realmente me ajudou". Sua credibilidade, a aliança terapêutica e a aderência do cliente são reforçadas quando você serve de exemplo. Sua experiência pessoal no uso da TCC revela muito aos clientes sobre a sua convicção de que esses métodos valem a pena.

 Eu sigo uma regra pessoal de nunca dar aos clientes uma tarefa de casa que eu mesma já não tenha feito ou que não planeje fazer na semana seguinte. Às vezes, digo a eles: "Nós vamos fazer esta tarefa esta semana e comparar as anotações sobre o que aconteceu quando nos encontrarmos na próxima sessão". Seguir os mesmos passos que você espera do seu cliente é uma forte demonstração do seu compromisso com a colaboração na terapia e também serve como uma verificação da realidade para que você não perca a perspectiva de como é realizar várias tarefas de aprendizagem. Além disso, enfatiza a importância dos experimentos terapêuticos e dos exercícios de aprendizagem quando você pode dizer ao cliente: "Eu também dedico meu tempo para fazer isto".

 Até mesmo uma tarefa fundamental como a identificação de seus pensamentos automáticos se torna melhor quando você dedica seu tempo e acrescenta uma reflexão silenciosa. Quando estou sentindo pressão no trabalho e tiro um tempo para observar meus pensamentos automáticos, a primeira camada pode ser algo semelhante a "Tenho tanta coisa para fazer. Preciso terminar isto hoje e o tempo é curto". Depois de identificar esses pensamentos iniciais, ainda me sinto pressionada. No entanto, se dedicar mais tempo prestando atenção aos meus pensamentos, outra camada emerge: "Outras pessoas estão contando comigo. Quero fazer um bom trabalho". Com um pouco mais de tempo para reflexão, níveis mais profundos de significado ganham relevância: "É muito importante para mim que eu faça o melhor possível. Eu valorizo este trabalho e quero contribuir. Esta é minha oportunidade de fazer a diferença". Quando dedico um tempo para desvendar meus pensamentos automáticos associados a significados e valores mais profundos, a pressão que sinto pode se transformar em um senso de propósito energizado. Assim, se você quiser aprender a usar a TCC de forma mais efetiva, é importante que aprenda a praticá-la de modo que se conecte com níveis mais profundos de consciência, não simplesmente com pensamentos, emoções e comportamentos superficiais.

Esses conceitos de autoprática são muito mais compreendidos atualmente do que eram na década de 1970, quando aprendi a usar a TCC comigo mesma e com meus clientes. Fiquei encantada quando fui convidada para ser examinadora da dissertação de doutorado de James Bennett-Levy, que foi o primeiro estudo dos efeitos da autoprática/autorreflexão (AP/AR) na aprendizagem da TCC. A ideia de Bennett-Levy de adicionar autorreflexão explícita à autoprática foi um acréscimo importante à ideia de aprender fazendo. O poder de associar prática e reflexão foi corroborado pela pesquisa que posteriormente realizamos juntos (Bennett-Levy & Padesky, 2014) e por inúmeros estudos de pesquisa sobre AP/AR conduzidos pelos autores deste livro. Você entenderá o conceito "de dentro para fora" quando terminar esta leitura.

Como leitor, você está em boas mãos. Os autores não só usaram esses métodos neles mesmos, como também orientaram centenas de terapeutas durante o processo. Todos os exercícios, folhas de exercícios e o texto instrutivo são testados e concebidos para ajudá-lo a ter a melhor experiência possível usando a TCC para autoprática. Os exercícios de autorreflexão apresentados neste livro ajudam a maximizar sua aprendizagem a cada passo do caminho. Fico satisfeita ao ver a ênfase dada à identificação dos pontos fortes, à construção de novos pressupostos e comportamentos e ao uso de experimentos de cenários imaginários e comportamentais. Todos esses métodos estão na essência da TCC baseada em pontos fortes (Padesky & Mooney, 2012), da qual somos pioneiros e que ensinamos a milhares de terapeutas no mundo todo. Os autores adaptaram criativamente esses conceitos e desenvolveram exercícios adequados ao desenvolvimento do terapeuta.

Experimentando a terapia cognitivo-comportamental de dentro para fora é o guia ideal para ajudá-lo a atingir uma compreensão mais sofisticada da prática da TCC, oferecendo um mapa para a autodescoberta e a aprendizagem. Cabe a você explorar os vários caminhos descritos; as escolhas que fizer ajudarão a determinar o que você aprende. Sugiro que faça um passeio pelo livro em vez de correr por ele. Quanto mais tempo dispensar a cada capítulo, mais oportunidades você terá de descobrir o inesperado. Ao longo do caminho, seus esforços provavelmente alcançarão novas profundezas de significado e novas formas de ser para ajudá-lo a se tornar um terapeuta melhor e uma pessoa mais feliz.

Os autores o convidam a participar da AP/AR dando asas à curiosidade. Estou certa de que, ao fazer isso, você irá verdadeiramente desfrutar, com entusiasmo, todas as possibilidades que a TCC oferece.

Christine A. Padesky, PhD
Centro de Terapia Cognitiva,
Huntington Beach, California
www.padesky.com

REFERÊNCIAS

Bennett-Levy, J., & Padesky, C. A. (2014). Use it or lose it: Post-workshop reflection enhances learning and utilization of CBT skills. *Cognitive and Behavioral Practice, 21*, 12–19.

Padesky, C. A., & Mooney, K. A. (2012). Strengths-based cognitive-behavioral therapy: A fourstep model to build resilience. *Clinical Psychology and Psychotherapy, 19*, 283–290.

Prólogo

Bem-vindo a *Experimentando a terapia cognitivo-comportamental de dentro para fora*. Após 15 anos de pesquisas, a autoprática/autorreflexão (AP/AR) atingiu um nível de maturidade em que nos sentimos suficientemente confiantes para lançar o primeiro livro de exercícios de AP/AR publicamente disponível. Ele possibilitará que terapeutas cognitivo-comportamentais aspirantes e experientes não só leiam sobre TCC, mas também a pratiquem neles mesmos. Estudos indicam que a AP/AR aprofunda a compreensão dos terapeutas sobre a TCC e aperfeiçoa suas habilidades terapêuticas – incluindo metacompetências como habilidade reflexiva e capacidade de aprimorar a relação terapêutica.

Nesta obra, aproveitamos a oportunidade não apenas de refletir as compreensões da TCC, mas também de ampliá-las. Durante a escrita do livro, desenvolvemos o modelo do disco como uma forma integrativa de formular e contrastar *Antigas* e *novas formas de ser*. Enquanto escrevíamos, ponderamos se um manual de AP/AR seria o lugar certo para introduzir novas formas de fazer TCC, mas o modelo do disco das *Formas de ser* cresceu insistentemente, e, por fim, não fomos capazes de suprimir um conjunto de ideias que estavam em erupção.

Convidamos você, como participante da AP/AR, a experimentar esse novo modelo enquanto lê este livro; a explorar suas implicações – não só para que você compreenda a TCC e desenvolva suas habilidades terapêuticas, mas, sobretudo, para você mesmo. Se durante o processo você encontrar novas formas de ampliar esse modelo, por favor, nos informe. Ficaríamos encantados em saber disso. Acima de tudo, esperamos que você aprecie experimentar a TCC a partir de uma perspectiva de dentro para fora; que o livro o estimule e possa fazer você apreciar a riqueza e a diversidade da TCC. Uma das grandes vantagens da TCC é que ela evoluiu constantemente durante sua vida relativamente breve. Esperamos que o modelo do disco *Formas de ser* e a prática da AP/AR representem outro pequeno passo na sua evolução.

James Bennett-Levy
Richard Thwaites
Beverly Haarhoff
Helen Perry

Para conferir informações adicionais (em inglês) sobre AP/AR, visite o *site* do programa:
http://self-practiceself-reflection.com

Sumário

Apresentação *Christine A. Padesky*	xi
Prólogo *James Bennett-Levy, Richard Thwaites,* *Beverly Haarhoff, Helen Perry*	xv
1 Apresentando *Experimentando a terapia cognitivo-comportamental de dentro para fora*	1
2 *Experimentando a terapia cognitivo-comportamental de dentro para fora:* a estrutura conceitual	5
3 Orientação para os participantes de autoprática/autorreflexão	17
4 Orientação para facilitadores de autoprática/autorreflexão	29

PARTE I – Identificando e entendendo *(antigas) formas de ser inúteis*

Módulo 1	Identificando um problema desafiador	43
Módulo 2	Formulando o problema e preparando-se para a mudança	53
Módulo 3	Usando ativação comportamental para mudar padrões de comportamento	83
Módulo 4	Identificando pensamento e comportamento inútil	99
Módulo 5	Usando técnicas cognitivas para modificar pensamentos e comportamento inúteis	121
Módulo 6	Revisando o progresso	137

PARTE II – Criando e fortalecendo *novas formas de ser*

Módulo 7	Identificando pressupostos inúteis e construindo novas alternativas	155
Módulo 8	Usando experimentos comportamentais para testar pressupostos inúteis comparando com novas alternativas	173
Módulo 9	Construindo *novas formas de ser*	191
Módulo 10	Incorporando *novas formas de ser*	207
Módulo 11	Usando experimentos comportamentais para testar e fortalecer *novas formas de ser*	221
Módulo 12	Mantendo e aprimorando *novas formas de ser*	239
	Notas dos módulos	255
	Referências	271
	Índice	279

1

Apresentando
Experimentando a terapia cognitivo-comportamental de dentro para fora

*Para compreender plenamente o processo terapêutico,
não há substituto para o uso dos métodos da terapia cognitiva em si mesmo.*
_ Christine A. Padesky, p. 288[1]

As pesquisas realizadas nos últimos 15 anos mostraram de forma consistente o impacto positivo da autoprática/autorreflexão (AP/AR) nas habilidades daqueles que praticam a terapia cognitivo-comportamental (TCC) seja qual for seu nível de experiência, desde o iniciante até o supervisor experiente. Esperamos que você aproveite a abordagem da AP/AR; que sua compreensão, suas habilidades, sua confiança e sua capacidade reflexiva relacionadas à TCC sejam beneficiadas com a experiência; que a AP/AR seja valiosa para você tanto em nível profissional quanto pessoal; e que sua experiência traga benefícios diretos para seus clientes. As citações dos participantes apresentadas no começo do livro constituem uma pequena amostra da resposta entusiástica à AP/AR que tem sido uma característica constante dos programas que oferecemos.

Neste capítulo, fazemos uma breve introdução à AP/AR, discutimos a justificativa para a abordagem da AP/AR, mencionamos resumidamente os achados de pesquisas e oferecemos um guia inicial para ajudá-lo a navegar pelos demais capítulos do livro. Os Capítulos 2 a 4 apresentam detalhes adicionais para aprimorar a experiência dos participantes e facilitadores da AP/AR.

O QUE É AP/AR?

AP/AR é uma estratégia de treinamento experiencial que oferece aos terapeutas uma experiência estruturada para usar a TCC neles mesmos (AP) e refletir sobre essa experiência (AR). Em um programa de AP/AR, você escolhe um problema profissional ou pessoal no qual focar e usa estratégias de TCC para identificar, formular e abordar o problema. Depois de uma autoprática de TCC, você reflete sobre a sua experiência das técnicas. Essas reflexões parecem ser muito mais valiosas se forem anotadas em vez de simplesmente "pensadas", portanto reflexões por escrito são parte essencial da AP/AR. A reflexão acontece em vários níveis; por exemplo, o participante pode inicialmente refletir sobre a sua experiência pessoal de uma técnica de TCC (p. ex., um experimento comportamental) e identificar os elementos que foram úteis (ou inúteis); então, ele pode considerar as implicações da sua experiência para a sua prática clínica e para a sua compreensão da teoria da TCC.

Se for um programa de AP/AR em grupo, os participantes podem compartilhar suas reflexões sobre o processo com os colegas, possibilitando-lhes identificar em que aspectos suas experiências de estratégias particulares são semelhantes ou diferentes das dos outros. É esse elemento autoexperiencial do treinamento de AP/AR que o diferencia de outras formas mais "usuais" de treinamento em TCC,[2] e tipicamente leva os participantes a relatarem uma "sensação mais profunda de conhecer" a TCC,[3] depois de a experimentarem "de dentro para fora".

JUSTIFICATIVA PARA AP/AR E ACHADOS DE PESQUISA

Em seus primeiros estágios (da metade da década de 1970 até o fim dos anos 1980), a TCC era retratada como uma intervenção em grande parte técnica, com pouca ou nenhuma atenção voltada para a "pessoa do terapeuta". Entretanto, na década de 1990, foi crescente o reconhecimento dado ao valor de praticar a TCC em si mesmo.[1,4-7] As razões apresentadas se enquadravam em duas categorias: primeiro, treinadores como Judith S. Beck e Christine A. Padesky sugeriam que a AP da TCC facilitaria a aquisição e o refinamento das habilidades da TCC.[1,5] Segundo, a publicação de dois livros seminais em 1990, *Terapia cognitiva dos transtornos da personalidade*[4] e *Interpersonal processes in cognitive therapy*,[8] levou à percepção crescente de que a autoconsciência e o autoconhecimento do terapeuta são tão importantes em TCC quanto em outras terapias[7] – particularmente no trabalho com clientes mais complexos com os quais frequentemente surgem questões na relação terapêutica. As palavras desses autores, juntamente com nossa experiência de uso das técnicas da TCC em nós mesmos,[9] nos inspirou a desenvolver os livros de exercícios originais de AP/AR.

Desde então, outros autores destacaram o valor da autoexperiência da TCC e da AR,[10-12] e um significativo corpo de pesquisa empírica em AP/AR emergiu.[2,3,13-23] O achado consistente entre os estudos em diversos países com diferentes grupos de participantes é que a AP/AR melhora a compreensão da TCC, as habilidades da TCC, a confiança como terapeuta e a crença no valor da TCC como uma terapia efetiva.[16,17] Essas pesquisas sugerem que o impacto da AP/AR é útil tanto para os terapeutas experientes quanto para os iniciantes.[13,15] Os participantes relatam que a AP/AR lhes proporciona uma "sensação mais profunda de conhecer" a terapia quando "experimentam a TCC de dentro para fora".[3,13] O impacto é sentido em suas habilidades conceituais (p. ex., formulação da TCC),[18] suas habilidades técnicas (p. ex., habilidade para usar técnicas da TCC de forma mais efetiva)[13] e habilidades interpessoais (p. ex., empatia pelo cliente).[16,26,34,35] Os participantes também relatam que suas habilidades reflexivas são aprimoradas pela AP/AR.[13] Este é um achado importante, uma vez que a reflexão é uma competência metacognitiva fundamental que "fornece as engrenagens para a aprendizagem permanente" durante a carreira de um terapeuta.[14,34]

Talvez o achado mais significativo, que emerge como central em todos os estudos de AP/AR, é que os participantes relatam consistentemente que ela afeta sua atitude em relação aos clientes, aprimorando suas habilidades interpessoais e suas relações terapêuticas.[22] Ao experimentarem a TCC de dentro para fora, eles têm em primeira mão um reconhecimento das dificuldades de mudar; do papel que padrões subjacentes como evitação, viés cognitivo negativo, pensamento ruminativo e comportamentos de segurança desempenham na manutenção de formas de ser inúteis; da ansiedade provocada por algumas técnicas da TCC a serviço da mudança (p. ex., exposição, experimentos comportamentais); e do valor da relação terapêutica para apoiar o processo de mudança.

Tradicionalmente, o treinamento em TCC tem sido forte no ensino das habilidades de formulação e habilidades técnicas, mas talvez um pouco mais fraco no domínio interpessoal.[36] Terapeutas de TCC experientes relatam que descobriram que as melhores formas de adquirir e refinar suas habilidades interpessoais é por meio da autoexperiência de técnicas terapêuticas e autorreflexão.[37] A AP/AR parece oferecer um veículo seguro e efetivo para melhorar as habilidades interpessoais na TCC – "um caminho intermediário útil entre a terapia pessoal e nenhum trabalho experiencial, que é aceitável para instituições, praticantes e estudantes" (p. 155).[13]

Sugerimos que a AP/AR tem o potencial de desempenhar um papel único no treinamento e desenvolvimento do terapeuta. Passamos a vê-la como uma estratégia de treinamento integrativa que faz ligações das compreensões declarativas da TCC com habilidades procedurais; integra o interpessoal com o conceitual e o técnico; e aprimora os canais de comunicação entre o "*self* terapeuta" e o "*self* pessoal".[16] O elemento de autoexperiência da AP/AR facilita as ligações, e a reflexão fornece a cola.

UMA ORIENTAÇÃO INICIAL PARA *EXPERIMENTANDO A TERAPIA COGNITIVO- -COMPORTAMENTAL DE DENTRO PARA FORA*

Existe agora uma família inteira de "TCCs" com inúmeras ramificações[38] (p. ex., terapia cognitiva, terapia racional-emotiva comportamental, terapia do esquema, terapia de aceitação e compromisso, TCC de baixa intensidade, terapia metacognitiva e terapia cognitiva baseada em *mindfulness*). A TCC de *Experimentando a terapia cognitivo-comportamental de dentro para fora* está focada na terapia cognitiva de Aaron T. Beck, embora algumas vezes se estenda para novos métodos de formulação. Neste livro, não incluímos técnicas de outras terapias influenciadas pela TCC, como a terapia cognitiva baseada em *mindfulness*, a terapia de aceitação e compromisso, a terapia do esquema e a terapia metacognitiva.

Experimentando a terapia cognitivo-comportamental de dentro para fora está organizado em duas seções principais: os capítulos introdutórios (Capítulos 1 a 4) e os módulos de AP/AR (Módulos 1 a 12). Sugerimos que todos os participantes da AP/AR leiam os Capítulos 1, 2 e 3. O Capítulo 2 discute os fundamentos conceituais que influenciaram o conteúdo aqui apresentado, e os leitores encontrarão abordagens novas e também tradicionais da TCC em *Experimentando a terapia cognitivo-comportamental de dentro para fora*. Nossa abordagem da TCC foi influenciada pela ciência cognitiva, pelas inovações clínicas e pelas interpretações neurocientíficas que ainda não foram completamente absorvidas pela corrente dominante. O Capítulo 2 discute a justificativa para algumas das estratégias mais inovadoras que você irá experimentar, incluindo o modelo *Formas de ser*, que fornece a estrutura básica deste livro.

É importante que todos os participantes na AP/AR leiam o Capítulo 3, "Orientação para os participantes de autoprática/autorreflexão". Esse capítulo fornece diretrizes para o uso do livro e aborda questões sobre como escolher um problema profissional ou pessoal no qual focar; quando fazer AP/AR; os prós e contras de fazer AP/AR individualmente ou em grupo; orientações sobre como desenvolver sua capacidade reflexiva; e quanto tempo destinar para AP/AR. Além disso, o Capítulo 3 apresenta instruções para você se preparar e se engajar nos Módulos 1 a 12 que vêm a seguir. Os módulos se embasam uns nos outros em termos de conteúdo e estrutura teórica. Os primeiros seis módulos (Parte I) estão focados em "*Identificar e entender (antigas) formas de ser inúteis*", e os seis módulos seguintes (Parte II) usam as bases da Parte I para "*Criar e fortalecer novas forma de ser*". Gostaríamos de poder lhe dizer que existem atalhos, mas a verdade é que, para aproveitar ao máximo este livro, é melhor trabalhá-lo sistematicamente, reservando para cada módulo o tempo adequado – uma média de aproximadamente 2 horas na Parte I e cerca de 3 horas na Parte II.

O Capítulo 4, "Orientação para facilitadores de autoprática/autorreflexão", é especificamente escrito para terapeutas de TCC que planejam facilitar um programa de AP/AR. Você pode facilitar um grupo de pares, ou liderar um grupo de treinamento que está executando o programa para fins de desenvolvimento profissional, ou pode planejar integrar *Experimentando a terapia cognitivo-comportamental de dentro para fora* a um programa de treinamento em TCC já existente. Assim, o Capítulo 4 aborda questões-chave para desenvolver programas de treinamento de AP/AR efetivos. A leitura é opcional para aqueles que estão lendo *Experimentando a terapia cognitivo-comportamental de dentro para fora* como participantes de treinamento de AP/AR.

Experimentando a terapia cognitivo-comportamental de dentro para fora não é um livro-texto de TCC convencional. Nos módulos, fornecemos materiais e exemplos, mas não instruções detalhadas para as técnicas de TCC que você irá praticar em si mesmo. Presume-se que ou você já conhece as técnicas ou que terá conhecimento suficiente para usar as notas e referências dos módulos para refrescar sua memória e orientá-lo. Para cada módulo, fornecemos Notas que você poderá encontrar no final do livro, logo antes das Referências. Ali, você terá acesso a referência a outros livros ou capítulos, com mais detalhes sobre estratégias específicas apresentadas nos módulos. No livro também "criamos" três terapeutas com diferentes níveis de experiência – Shelly, Jayashri e David – que têm o tipo de terapeuta ou questões pessoais que os participantes normalmente trazem para AP/AR. Daremos exemplos da AP/AR de Shelly, Jayashri e David para ajudar a guiar seu uso das técnicas específicas.

Esperamos que você aproveite a leitura, que você mesmo seja capaz de criar *Novas formas de ser* que tenham um impacto positivo na sua vida profissional e pessoal e que sua eficácia com seus clientes seja consideravelmente aprimorada como resultado.

2

Experimentando a terapia cognitivo-comportamental de dentro para fora:
a estrutura conceitual

O propósito deste capítulo é articular a estrutura conceitual e as influências que determinaram o conteúdo de *Experimentando a terapia cognitivo-comportamental de dentro para fora* e destacar os desenvolvimentos atuais na terapia cognitivo-comportamental (TCC) que incorporamos ao conteúdo. Como um participante na autoprática/autorreflexão (AP/AR), não é essencial ler este capítulo para se beneficiar do programa. No entanto, se você quiser entender a justificativa para algumas das estratégias inovadoras apresentadas neste livro, este capítulo será do seu interesse.

Desde 1998, criamos inúmeras iterações do livro de exercícios de AP/AR original, junto com outros colegas. Para este livro, decidimos começar do zero, pois o cenário da TCC mudou consideravelmente nos últimos anos. Ao planejar este novo livro, nos esforçamos para criar um equilíbrio entre estratégias beckianas bem reconhecidas e pesquisadas (p. ex., formulação, registros de pensamentos, experimentos comportamentais e questionamento socrático) e uma orientação contemporânea que reconhece:

- A importância do processo, assim como o conteúdo do pensamento.
- A crescente influência de abordagens transdiagnósticas.
- O valor de estratégias baseadas nos pontos fortes.
- O papel da cultura na formação de nossas experiências de nós mesmos e do mundo.
- O papel central de estratégias experienciais na criação de mudança.
- O crescente reconhecimento de que o corpo e a emoção estão intimamente relacionados.
- A descoberta de que intervenções focadas no corpo podem ter impacto direto na emoção, no pensamento e no comportamento.

Algumas dessas ideias estão contidas em dois modelos principais da ciência cognitiva que fornecem o enquadramento teórico para *Experimentando a terapia cognitivo-comportamental de dentro para fora*: o modelo dos Subsistemas Cognitivos Interativos[39-44], de John D. Teasdale e Philip J. Barnard, e o modelo de Competição pela Recuperação, de Chris Brewin.[45] Discutimos estes modelos na segunda metade do capítulo. Também reconhecemos a influência de Christine A. Padesky e Kathleen A. Mooney, bem como de Kees Korrelboom e colegas, que desenvolveram intervenções de TCC inovadoras e altamente compatíveis com as teorias de Teasdale e Barnard. Estes quatro grupos de autores nos levaram a introduzir em *Experimentando a terapia cognitivo-comportamental de dentro para fora* um novo conceito que descrevemos como o modelo das *Formas de Ser* (do inglês *Ways of Being*; WoB). O modelo WoB pode não ser familiar para terapeutas da TCC, embora elementos de outras abordagens sejam reconhecidos, particularmente aqueles de Padesky e Mooney,[46-48] Korrelboom,[49-53] e Hackmann, Bennett-Levy e Holmes.[54]

Este capítulo está dividido em três seções. Na primeira seção, identificamos alguns conceitos tradicionais e contemporâneos em TCC que estruturaram o desenvolvimento deste livro e apresentamos uma justificativa para a sua inclusão. Na segunda seção, discutimos as influências conceituais e clínicas no desenvolvimento do modelo *WoB*. Na seção final, descrevemos a justificativa para o modelo *WoB* e suas características principais.

OS PRINCIPAIS CONCEITOS DA TCC EM *EXPERIMENTANDO A TERAPIA COGNITIVO--COMPORTAMENTAL DE DENTRO PARA FORA*

O papel central da formulação na TCC

Subjacente a todos os elementos de *Experimentando a terapia cognitivo-comportamental de dentro para fora*, incluindo o modelo WoB, está um princípio que tem sido central para a TCC desde a sua concepção: o papel fundamental da formulação.[10,11,55-57] A TCC beckiana sempre teve a reputação de ser teoricamente coerente, mas "metodologicamente permissiva".[58] Essa abordagem permitiu que a criatividade florescesse e gerou toda uma família de ramificações da TCC (p. ex., terapia do esquema, terapia de aceitação e compromisso, terapia metacognitiva e terapia cognitiva baseada em *mindfulness*). Nosso objetivo foi nos mantermos fiéis a essa herança ao desenvolvermos a "coluna dorsal" deste livro, enquanto seríamos "metodologicamente permissivos" com antigas e novas ideias.

Um foco no processo e nos padrões subjacentes do pensamento e do comportamento, bem como no conteúdo dos pensamentos

As primeiras versões da TCC tendiam a ter um foco primário na mudança do conteúdo dos pensamentos e na modificação de "formas disfuncionais" de pensamento e comportamento. No entanto, embora nas primeiras versões da TCC o *processo* ficasse em segundo plano em relação ao *conteúdo*, a TCC sempre reconheceu a importância dos padrões de comportamento subjacentes (p. ex., evitação) e estilos de pensamento inúteis (p. ex., catastrofização) na manutenção dos problemas.[57,59]

Desde a virada do século, tem havido uma ênfase progressivamente maior nos *processos* que impulsionam os pensamentos e mantêm o comportamento, o que levou ao desenvolvimento de novas formas de terapia (p. ex., terapia cognitiva baseada em *mindfulness*, terapia metacognitiva, terapia de aceitação e compromisso) que focam mais na *relação* do cliente com os pensamentos (e emoções, corpo e comportamento), do que no *conteúdo* real do pensamento. Esse foco nos padrões subjacentes de pensamento e no comportamento foi destacado em um livro de referência de Alison G. Harvey, Edward Watkins, Warren Mansell e Roz Shafran (2004), *Cognitive behavioural processes across psychological disorders (Processos cognitivo-comportamentais nos transtornos psicológicos)*.[60] Estes autores reconheceram que processos como atenção autofocada, evitação de memórias dolorosas, processos de raciocínio falhos como o pensamento do tipo tudo ou nada, supressão de pensamentos, ruminação, comportamentos de busca de segurança, evitação comportamental e outros padrões subjacentes tendiam a ser comuns entre os transtornos.

Assim, *Experimentando a terapia cognitivo-comportamental de dentro para fora* enfatiza tanto o *processo* quanto o *conteúdo* do pensamento (ver, p. ex., Módulos 4 e 5) e procura direcionar a atenção dos leitores para seus padrões subjacentes de pensamento e comportamento.

Uma abordagem transdiagnóstica

Em seu desenvolvimento, a TCC esteve intimamente associada ao diagnóstico psiquiátrico: Beck e colegas desenvolveram manuais de tratamento específicos para depressão e ansiedade,[57,59] e nos anos seguintes foram desenvolvidos tratamentos específicos para uma gama de transtornos psiquiátricos, refletidos em livros como *Cognitive behaviour therapy for psychiatric problems (Terapia cognitivo-comportamental para problemas psiquiátricos)*,[61] de Keith Hawton, David Clark, Paul Salkovskis e Joan Kirk (1989) e *Frontiers of cognitive therapy (Fronteiras da terapia cognitiva)*,[62] de Salkovkis (1996). Entretanto, em anos recentes, começamos a observar um movimento em direção a uma ênfase transdiagnóstica na TCC prenunciada pelo livro de Harvey et al.,[60] cujo subtítulo era *Uma abordagem transdiagnóstica para pesquisa e tratamento*. Recentemente, terapeutas da TCC,[63-65] liderados por David H. Barlow e colegas, começaram a desenvolver protocolos de tratamento transdiagnóstico com resultados promissores.[66,67]

Os livros de AP/AR sempre foram planejados para treinamento e não para terapia, e assim, desde o início, tiveram uma ênfase transdiagnóstica, com foco na autoprática de técnicas da TCC. *Experimentando a terapia cognitivo-comportamental de dentro para fora* mantém a ênfase transdiagnóstica dos livros anteriores sobre o tema. No entanto, observamos que agora existe um maior alinhamento entre essa ênfase transdiagnóstica da AP/AR e direções recentes em TCC.

Uma abordagem baseada nos pontos fortes

O foco da TCC tradicional era evocar e formular o problema, particularmente identificando pensamentos e comportamentos inúteis, e então trabalhar para modificar o pensamento e desenvolver comportamentos mais adaptativos a fim de abordar o problema com sucesso. A eficácia dessa estratégia tem sido demonstrada repetidamente.

Contudo, em anos recentes, também tem havido um foco crescente na incorporação à TCC dos pontos fortes do cliente, exemplificado no trabalho de Christine Padesky e colegas.[11,46,48] Como escreveram Kuyken, Padesky e Dudley, "A conceitualização que atenta aos pontos fortes do cliente... tem inúmeras vantagens. Oferece uma descrição e compreensão da pessoa como um todo, não apenas das questões problemáticas. Um foco nos pontos fortes amplia os resultados potenciais da terapia, desde o alívio do sofrimento e a retomada do funcionamento normal até a melhoria da qualidade de vida do cliente e o reforço da resiliência do cliente" (p. 8).[11] O crescimento paralelo de intervenções baseadas em evidências a partir da psicologia positiva[68-72] e dados empíricos recentes indicam que uma abordagem da TCC baseada nos pontos fortes pode, na verdade, ter vantagens sobre um modelo focado nos déficits.[73,74] Isso sugere que o movimento voltado para uma maior ênfase nos pontos fortes na TCC pode ser plenamente justificado.

Assim, neste livro, os pontos fortes são explicitamente incorporados à formulação da TCC e são usados para facilitar e apoiar as *Novas Formas de Ser*.

Uma terapia culturalmente responsiva

A TCC foi desenvolvida em um ambiente cultural ocidental, e até recentemente foi dada pouca atenção à sua relevância transcultural ou à influência da cultura em sua eficácia. Além disso, embora costumes e tradições culturais tenham claramente uma influência significativa no pensamento das pessoas e nas formas de ser no mundo, geralmente as formulações da TCC não incluíam influências culturais. Recentemente, clínicos procuraram desenvolver adaptações da TCC culturalmente responsivas[75-78] e estão começando a gerar pesquisas em TCC com diferentes grupos culturais,[79-81] incluindo o uso de abordagens transdiagnóstcas.[82]

Pamela Hays esteve na linha de frente ao introduzir uma perspectiva cultural à TCC[75,83,84] e forneceu uma definição ampla de cultura, resumida no acrônimo ADDRESSING.[75] Essas influências culturais são:

Idade (**A**ge) e influências geracionais.
Deficiências **D**esenvolvimentais e outras deficiências físicas, cognitivas, sensoriais e psiquiátricas.
Religião e orientação espiritual.
Identidade **É**tnica e racial.
Status **S**ocioeconômico.
Orientação **S**exual.
Herança **I**ndígena.
Origem **N**acional.
Gênero.

Reconhecendo a importância da cultura para moldar nossa experiência do mundo, *Experimentando a terapia cognitivo-comportamental de dentro para fora* incluiu um lugar para as influências culturais nas formulações da TCC no Módulo 2.

OS FUNDAMENTOS DA CIÊNCIA COGNITIVA DO MODELO DAS FORMAS DE SER (*WoB*)

Dois modelos da ciência cognitiva foram bastante influentes no desenvolvimento da nossa abordagem da TCC, refletidos no modelo *WoB*: Subsistemas Cognitivos Interativos (SCI), de Teasdale e Barnard,[39-44,99,100] e descrição da Competição pela Recuperação, de Brewin.[45] Suas propostas teoricamente derivadas para criação da mudança terapêutica efetiva são convincentes e seus modelos são, em grande medida, complementares.

O SCI é um modelo complexo, que simplificamos aqui destacando apenas aqueles aspectos que são relevantes para o presente propósito. Você pode consultar Teasdale, Barnard e outros autores que escreveram sobre o SCI para melhor compreensão. Em suma, Teasdale e Barnard postulam dois "sistemas" de processamento das informações: um sistema proposicional e um sistema implicacional. As características desses dois sistemas que são relevantes para o modelo *WoB* são apresentadas no quadro na página seguinte.

O modelo SCI sugere que os dois sistemas contam com qualidades muito diferentes. O conhecimento proposicional é explícito e transmite informações específicas (p. ex., "Preciso de mais conhecimento e habilidades para tratar clientes com transtorno bipolar"). O conhecimento proposicional não tem ligação direta com a experiência corporal, com a emoção ou com o *input* sensorial. Seu verdadeiro valor pode ser testado e verificado (conhecimento intelectual). Por sua vez, o sistema implicacional é esquemático e holístico. Frequentemente é experimentado como uma "sensação"; o *input* do corpo, das emoções e das informações sensoriais forma uma parte central do "pacote dos esquemas", criando significados implícitos que nem sempre são verbalizáveis (p. ex., em algumas ocasiões, os terapeutas podem experimentar uma sensação de desesperança quando trabalham com clientes gravemente deprimidos). Essas sensações não são diretamente testáveis, e são experimentadas como crenças no nível emocional (p. ex., "Intelectualmente, eu sei que faço algumas coisas boas para os clientes deprimidos, mas nunca sinto que faço").

O modelo de Teasdale e Barnard tem implicações diretas para o tratamento. Ele sugere que, para que ocorra mudança significativa, intervenções argumentativas racionais e psicoeducação tendem a ser inadequadas, a menos que conduzam a uma mudança de perspectiva significativa (um "modelo esquemático alternativo", nos termos de Teasdale e Barnard); veja no quadro a seguir. Por exemplo, foi encontrado que, embora ambos os registros, de pensamentos e experimentos comportamentais, lancem luz na consciência e compreensão do problema, os experimentos comportamentais tendem a ser um pouco mais efetivos do que os registros de pensamentos na produção de mudança.[85,86] O modelo SCI sugere que intervenções experienciais, como os experimentos comportamentais, as intervenções baseadas na imaginação, a adoção de novas posturas corporais incluindo força ou competência, o cultivo de uma relação "consciente" com pensamentos e emoções ou o desenvolvimento de uma "mente compassiva", tenderão a ter um impacto direto no sistema implicacional devido ao seu impacto em todos os níveis de um esquema (corpo, emoção, cognição, comportamento).

O modelo SCI também sugere que a adoção de uma mentalidade diferente (p. ex., uma mentalidade de *Novas Formas de Ser*) como uma estrutura de referência para processar o impacto de estratégias experienciais provavelmente facilitará a mudança, enquanto o processamento de experiências por meio das lentes das *Antigas Formas de Ser* não fará isso. Por exemplo, se um cliente que tem fobia de falar em público processar um discurso de sucesso por meio das suas lentes de *Antigas Formas de Ser*, provavelmente chegará à conclusão de que "saiu ileso", o que seria improvável que auxiliasse no processo de mudança. No entanto, se ele processar o ocorrido segundo sua perspectiva de *Novas Formas de Ser* – "Sou um orador competente (embora eu possa não acreditar muito nisso no momento)" –, o discurso será considerado como evidência para essa nova ideia sobre si mesmo.

RESUMO DOS PRINCIPAIS ELEMENTOS DO MODELO SCI DE TEASDALE E BARNARD

Sistema proposicional	Sistema implicacional
Fenomenologia dentro do modelo SCI	
O significado proposicional pode ser representado linguisticamente e transmite informações específicas na forma de conhecimento explícito (p. ex., "Fiz uma avaliação deficiente com aquele cliente").	Os significados implicacionais são esquemáticos, holísticos e trans-situacionais. São experimentados como "sensações" implícitas e frequentemente são difíceis de verbalizar (p. ex., "Minha sensação de inutilidade como terapeuta" ou, em um nível menos generalizado, "Meu desânimo quando clientes muito deprimidos entram na sala").
Não há *input* direto para o sistema proposicional do corpo, das emoções ou da experiência sensorial.	*Inputs* do corpo, das emoções e sensorial (p. ex., odor, tom de voz) têm significados implícitos. Todos são intrínsecos ao "pacote de esquemas". Qualquer um deles pode desencadear a ativação do esquema (p. ex., fadiga ou uma voz que soa crítica).
O conhecimento proposicional tem valor de verdade, que pode ser racionalmente avaliado e verificado por evidências (p. ex., "O que eu fiz bem? O que eu fiz mal?"). É experimentado como crença no nível intelectual "racional".	Os esquemas implicacionais têm uma "sensação" holística de adequação. Eles não podem ser avaliados como verdadeiros ou falsos (p. ex., "É assim que eu sou"). São experimentados como crenças emocionais "viscerais".

Implicações para o tratamento dentro do modelo SCI

Intervenções de discussão racional (p. ex., registros de pensamentos) e psicoeducação têm mais chance de impactar somente o sistema proposicional e, portanto, têm menos probabilidade do que as estratégias experienciais de criar *Novas Formas de Ser* trans-situacionais. Entretanto, há exceções nos casos em que (1) novas informações levam a novos significados de nível superior (p. ex., um terapeuta iniciante e sem confiança descobrindo com seu supervisor que muitos clientes não melhoram com terapia de curta duração, levando-o a reavaliar seu nível de competência) e (2) intervenções racionalmente baseadas levam à criação de novos "modelos esquemáticos" (p. ex., "Descobri que meus pensamentos não são fatos; eles são ideias e opiniões que podem ser consideradas e examinadas").

Intervenções experienciais (p. ex., experimentos comportamentais, imaginação, modificação de posturas corporais, meditação *mindfulness*, retreinamento atencional e abordagens focadas na compaixão) têm mais chance do que intervenções racionalmente baseadas de impactar no nível implicacional e, portanto, criar *Novas Formas de Ser*. Isso se deve ao seu impacto direto no nível esquemático (emoção, corpo, cognição, comportamento). O potencial para mudança é particularmente melhorado se situações desafiadoras forem abordadas com uma nova mentalidade mais adaptativa (nos termos de Teasdale, um "modelo esquemático" novo ou modificado) – por exemplo, "Sou um terapeuta em treinamento. Estou aprendendo enquanto faço".

O entendimento de Brewin[45] da TCC como competição pela recuperação procura esclarecer a relação entre antigas e novas "representações da memória" ou, de acordo com Teasdale e Barnard, a relação entre "modelos esquemáticos alternativos". Brewin propõe que, quando os clientes apresentam transtornos emocionais, as representações de memória negativas (esquema) são altamente acessíveis com memórias intrusivas, interpretações autodepreciativas e domínio de pensamentos ruminativos (p. ex., memórias como "Sou inútil"). Presume-se que tanto as representações de memória positivas como as negativas estão em "competição pela recuperação" (as representações de memória negativas nunca são "extintas", simplesmente se tornam menos acessíveis).

Portanto, o objetivo da TCC é facilitar a recuperação de memórias adaptativas alternativas (p. ex., "As vezes em que demonstrei meu valor"), melhorando e fortalecendo a acessibilidade dessas memórias para que elas sejam ativadas em uma ampla variedade de situações e vençam a competição pela recuperação. Como com o modelo SCI, a adoção de uma perspectiva de *Novas Formas de Ser* provavelmente aumentará a acessibilidade de representações de memória positivas e as tornará mais disponíveis em situações futuras.

No modelo *WoB* descrito a seguir, procuramos capturar elementos-chave dos modelos SCI e de competição pela recuperação. Especificamente, notamos o valor de:

1. Desenvolver um "modelo esquemático alternativo" ou mentalidade (i.e., as *Novas Formas de Ser*).

2. Interpretar novas experiências por uma perspectiva de *Novas Formas de Ser*.
3. Formular e contrastar as *Antigas Formas de Ser* inúteis e as *Novas Formas de Ser* que estão em competição pela recuperação.
4. Usar experimentos comportamentais, imaginação e outras técnicas experienciais para fortalecer *Novas Formas de Ser*.
5. Incorporar as *Novas Formas de Ser* usando intervenções orientadas para o corpo (p. ex., adotando uma postura corporal de força e confiança).

INFLUÊNCIAS CLÍNICAS NO MODELO DAS *FORMAS DE SER*

As inovações clínicas de dois grupos de clínicos da TCC, Christine Padesky e Kathleen Mooney e Kess Korreboom e colegas, tiveram influência significativa no modelo *WoB*. A abordagem do Antigo Sistema/Novo Sistema de Padesky e Mooney foi inicialmente desenvolvida para clientes com dificuldades crônicas que não estavam respondendo a intervenções da TCC clássica, especialmente clientes com transtornos da personalidade, que têm crenças nucleares negativas inflexíveis.[47,87] O objetivo da abordagem é transformar "antigos sistemas" de interação no mundo em "novos sistemas" mais adaptativos. Terapeutas e clientes constroem em conjunto uma visão de como a pessoa gostaria de ser e como ela gostaria que os outros fossem. Essa visão é desenvolvida em palavras, imaginação, consciência corporal cinestésica, metáforas e memórias relacionadas. Assim, novas crenças nucleares, pressupostos subjacentes e estratégias comportamentais que apoiam essas novas formas de ser são identificados. Korrelboom, ao trabalhar em um contexto clínico hospitalar, desenvolveu o Treinamento de Memória Competitiva (COMET – **CO**mpetitive **ME**mory **T**raining) – para clientes com baixa autoestima que podem ter diagnósticos como transtorno da personalidade, depressão e transtornos alimentares.[49-53,88] O objetivo do COMET é estabelecer e fortalecer uma autoimagem positiva nesses clientes.

Tanto a abordagem de Padesky e Mooney do Antigo Sistema/Novo Sistema quanto o treinamento COMET da autoimagem de Korrelboom iniciam formulando o estado negativo atual (Antigo Sistema/autoimagem negativa) antes de construir uma alternativa positiva (Novo Sistema/autoimagem positiva crível). As duas estratégias usam a imaginação para estabelecer a alternativa positiva e, em seguida, enfatizam técnicas ligeiramente diferentes para fortalecer a confiança no Novo Sistema/autoimagem positiva. Padesky e Mooney atribuem um peso particular às dramatizações e aos experimentos comportamentais;[87] Korrelboom tende a favorecer o ensaio por imagens positivo e as formas sensoriais (música) e orientadas para o corpo para fortalecer a nova perspectiva.

A adequação entre as teorias de Teasdale e Barnard e as estratégias inovadoras de Padesky e Mooney e Korrelboom são claras: todas sugerem a importância de criar "modelos esquemáticos alternativos"[40,44] e de processar as novas experiências através dessas lentes, com o objetivo de aumentar sua proeminência e acessibilidade para uso futuro. Além disso, Teasdale e Barnard, Padesky e Mooney e Korrelboom enfatizam bastante a "organização de experiências em que modelos novos ou modificados são criados" (p. 90),[39] como experimentos comportamentais, ensaio por imagens ou outros procedimentos de encenação, como as estratégias de Korrelboom orientadas para o sensorial e o corpo. A literatura empírica recente aponta para uma maior consciência do impacto potencial de intervenções orientadas para o corpo na cognição, na emoção e nas relações.[101-104]

DESCRIÇÃO E CARACTERÍSTICAS PRINCIPAIS DO MODELO DAS *FORMAS DE SER*

Justificativa para o modelo das *Formas de Ser* e descrição

A primeira vez que um de nós usou o termo "*Novas Formas de Ser*" em uma publicação foi em Hackmann et al., *Oxford guide to imagery in cognitive therapy*.[45] Hackmann et al. usaram "*Novas Formas de Ser*" para se referir a "uma orientação positiva que os clientes, que previamente tinham crenças negativas fortes e persistentes, são encorajados a desenvolver voltados para si mesmos... Novas Formas de Ser abrangem uma variedade de novas cognições, comportamentos, emoções, reações fisiológicas e sensações" (p. 182). Assim, o modelo das *Formas de Ser* identifica que a mudança de antigas para novas formas de ser acontece em um nível multimodal esquemático, consistente com a abordagem do SCI de Teasdale e Barnard. Hackmann et al. acrescentaram: "Geralmente é essencial validar formas de ser disfuncionais atuais como respostas compreensíveis e adaptativas a circunstâncias passadas antes de prosseguir para a construção de alternativas. No entanto, o foco principal do trabalho terapêutico das novas formas de ser se concentra na antevisão de novas formas de ser ou estados desejados" (p. 182).

Em *Experimentando a terapia cognitivo-comportamental de dentro para fora*, usamos a ideia de *Antigas (Inúteis) Formas de Ser* e *Novas Formas de Ser* para dar coerência ao livro e oferecer uma estrutura geral: os primeiros seis módulos (Parte I deste livro) estão focados na identificação e compreensão das *Antigas/Inúteis Formas de Ser*, já a Parte II está focada na criação de *Novas Formas de Ser*. No entanto, desde a introdução do conceito de *Novas Formas de Ser* no livro de Hackmann et al., pudemos perceber que a mudança nos esquemas não envolve necessariamente mudança nas crenças nucleares, como inferido por grande parte da literatura da TCC. Recentemente, Ian James, Matt Goodman e Katharina Reichelt[90] observaram que essa visão é "um tanto monodimensional", e nossa experiência clínica apoia essa conclusão.

James et al. usam exemplos da psicologia do esporte para ilustrar como um jogador de golfe profissional que deseja mudar sua técnica precisará passar muitas horas praticando o novo balanceio. A tarefa é enfraquecer os antigos esquemas e estabelecer novos. A repetição envolve criar novas redes neurais que podem ser modificadas com o tempo. A mudança multimodal dos esquemas é central para o processo, mas não há implicação de mudança na crença nuclear. Como a mudança é atingida? James et al. escrevem: "Isto pode envolver o uso de imaginação, retreinamento comportamental, retreinamento da postura corporal, técnicas de recondicionamento da memória" (p. 8).[90] Todas essas são estratégias que incorporamos ao modelo de *Novas Formas de Ser*, apresentado nos Módulos 9 a 11.

Nossa experiência recente de uso do modelo *WoB* com participantes de AP/AR e com alguns de nossos clientes é que ele é tão relevante para as pessoas sem crenças nucleares negativas fortes ou problemas da personalidade importantes quanto para clientes mais estressados. Na verdade, decidimos, de forma proposital, não introduzir crenças nucleares neste livro, em parte porque não queremos ou esperamos que os participantes na AP/AR cheguem a essa "profundidade", e em parte porque, como apontou Ian James[91] algum tempo atrás, a base de evidências é que os clientes se saem bem na TCC de curta duração sem fazerem o trabalho com as crenças nucleares, e algumas vezes, na verdade, pode ser contraterapêutico para os terapeutas fazerem o trabalho com esquemas com os clientes na terapia de curta duração.

Para ilustrar ainda mais esse ponto: muitos de nós temos crenças "emperradas" sobre nós mesmos (p. ex., "Não sou bom no trabalho com pessoas que são agressivas"; "Sou tão desorganizado!") que são fortemente arraigadas, mas não indicam psicopatologia maior ou crenças nucleares disfuncionais. Mudanças de perspectiva terapeuticamente significativas podem ocorrer sem a necessidade de abordar questões em um nível de crença nuclear. Por exemplo, agora está bem documentado que os clientes podem ter uma mudança de perspectiva desenvolvendo uma relação diferente com seus pensamentos por meio do distanciamento ou de estratégias de *mindfulness*.[92] Os pensamentos já não são "fatos", mas opiniões, ideias ou experiências cognitivas transitórias abertas a validação ou invalidação. Como um exemplo no contexto do terapeuta, muitas vezes terapeutas iniciantes alimentam a ilusão de que são incompetentes porque alguns clientes não estão melhorando. Informá-los de que um número significativo de clientes não comparece às consultas e/ou não se "recupera" independentemente dos conhecimentos do terapeuta pode levar a uma mudança de perspectiva que normaliza suas expectativas e reduz de forma significativa os níveis de ansiedade e os sentimentos de incompetência. Em outras palavras, a mudança de perspectiva pode iniciar uma *Nova Forma de Ser*: "Estou me saindo bem, e minha competência continua a se desenvolver", o que pode ser fortalecido com o tempo.

Resumindo, o modelo *WoB* é uma abordagem transdiagnóstica baseada nos pontos fortes, que enfatiza o valor de técnicas experienciais na promoção da mudança. A ideia de *Antigas* e *Novas Formas de Ser* é facilmente aplicável a pessoas sem psicopatologia mais grave, que têm crenças ou padrões de pensamento ou comportamento "emperrados". Elas podem se beneficiar com estratégias da TCC que criam uma mudança de perspectiva, levando a uma mudança na relevância relativa e na acessibilidade de *Formas de Ser* alternativas. Para um livro direcionado a terapeutas que buscam fazer mudanças em suas vidas profissionais ou pessoais ao longo de 12 módulos, *Formas de Ser* parece ser um modelo útil.

A representação do modelo de disco de *Antigas (Inúteis)* e *Novas Formas de Ser*

Juntamente com o modelo *WoB*, introduzimos uma nova forma de representar a relação entre pensamentos, comportamento e emoções/sensações corporais: um modelo de um disco com três círculos concêntricos (ver Módulo 9, páginas 193-194 e 196-197). O modelo SCI de Teasdale e Barnard sugere que no nível implicacional da "sensação", os limites entre experiência corporal, emoções, cognições e comportamentos estão intimamente mesclados. Teasdale sugere ainda que mentes antigas são "*wheeled out*" (desembaladas) e mentes jovens são "*wheeled in*" (embaladas) à medida que as circunstâncias mudam (p. 101).[39] O modelo de disco nos parece representar a natureza holística do SCI/*Formas de Ser* muito mais do que diagramas de formulação tradicionais (p. ex., no Módulo 2); há uma sensação de que ele pode ser mais facilmente *"wheeled in"* e *"wheeled out"* como uma Gestalt; e tem a vantagem adicional de ser mais fácil de visualizar e memorizar.

Outra característica do modelo de disco que deve ser observada é que pontos fortes pessoais foram incluídos na base do modelo de *Novas Formas de Ser*. Essa inclusão no modelo de *Novas Formas* (mas não as *Antigas*) é pela razão óbvia de que os pontos fortes pessoais desempenham um papel central na criação e no desenvolvimento de *Novas Formas de Ser*.

COMENTÁRIOS FINAIS

Uma das características mais empolgantes da TCC nos últimos 40 anos tem sido sua constante evolução, movida pela teoria, apoiada pela pesquisa empírica e encorajada pela ânsia da comunidade da TCC em celebrar a inovação. Ao construirmos um novo livro de AP/AR para terapeutas da TCC, quisemos não apenas refletir sobre o que já existia, mas incorporar perspectivas contemporâneas que podem resistir ao teste do tempo – pelo menos pelos próximos anos! Reconhecemos que alguns leitores podem pensar que fomos longe demais não apenas refletindo, mas também sugerindo novas perspectivas; outros podem considerar que não fomos longe o suficiente, por exemplo, ao não incluir exercícios de *mindfulness*. Certamente, esperamos que as ideias em *Experimentando a terapia cognitivo-comportamental de dentro para fora* contribuam para o debate saudável. Se isso acontecer, o livro terá servido a um de seus propósitos.

Como afirmamos no início deste capítulo, formulação é o fundamento da TCC beckiana, e esperamos que este livro reflita nossa valorização da sua importância permanente. Da mesma forma, nosso respeito pela teoria e pela inovação clínica motivou o conteúdo aqui reunido. Acima de tudo, nosso interesse no desenvolvimento deste livro é proporcionar aos participantes uma apreciação das técnicas da TCC a partir de dentro – especialmente técnicas experienciais, que consideramos os principais catalisadores da mudança – e facilitar uma jornada que é valiosa tanto profissional como pessoalmente. É por esses critérios que o sucesso deste livro será julgado.

3
Orientação para os participantes de autoprática/autorreflexão

Este capítulo é leitura essencial para qualquer pessoa que se envolva com autoprática/autorreflexão (AP/AR) como participante, pois ele faz perguntas-chave para você considerar antes de iniciar o programa e fornece diretrizes para obter o maior benefício da experiência. Além disso, também é um capítulo importante para facilitadores, treinadores e supervisores de AP/AR, uma vez que serve de base para boa parte do conteúdo do Capítulo 4.

Ao longo da última década, participantes de AP/AR em diferentes países expressaram repetidamente o quanto ganharam com ela. Uma amostra de seus comentários pode ser vista no início do livro para ilustrar os tipos de experiência que eles relatam. Entretanto, também ficou claro que alguns participantes se beneficiam mais do que outros, e agora estamos começando a entender por que isso acontece. O que aprendemos é que o nível de engajamento dos participantes é fundamental para o benefício que eles obtêm da AP/AR.[2,15,16,25] Consequentemente, o tema central deste capítulo é: como você pode se preparar melhor para a AP/AR a fim de maximizar o engajamento e obter os maiores benefícios?

Como indicamos no Capítulo 1, os tipos de benefícios da AP/AR que foram identificados abrangem uma maior compreensão, habilidades e confiança na terapia cognitivo-comportamental (TCC); *insights* e mudanças no "*self* pessoal" e no "*self* terapeuta"; capacidade reflexiva aprimorada; e uma abordagem diferenciada e individualizada para clientes individuais. Citamos referências no Capítulo 1 para que você estude as pesquisas com mais detalhes, se desejar. Esperamos que os comentários de outros participantes apresentados no início do livro lhe inspirem a ter confiança de que seu tempo e energia serão recompensados.

Este capítulo é dividido em quatro seções. A primeira seção ilustra como a AP/AR pode ser realizada em vários contextos: sozinho, com um amigo, em grupos ou com um supervisor. São fornecidas orientações para obter o máximo de benefícios desses diferentes contextos. A seção seguinte foca em medidas práticas para maximizar seu engajamento na AP/AR: como escolher seu "problema desafiador"; gerenciamento do tempo; escolher quando fazer AP/AR; e manter-se seguro. A terceira seção é focada especificamente no desenvolvimento da sua capacidade reflexiva. Essa seção também contém dicas para desenvolver suas habilidades reflexivas. Essas três seções foram planejadas para melhorar seu engajamento na AP/AR e possibilitar que você obtenha o máximo de benefícios com *Experimentando a terapia cognitivo-comportamental de dentro para fora*. O capítulo é concluído com a apresentação dos três terapeutas, Shelly, Jayashri e David, cujos exemplos usamos durante os Módulos 1 a 12.

CONTEXTOS DA AP/AR: AP/AR AUTOGUIADA, COM UM AMIGO, EM GRUPOS OU COM UM SUPERVISOR

Usando este livro por conta própria

Há muitas razões para optar por resolver os exercícios de AP/AR por conta própria, por exemplo: isolamento geográfico ou profissional; não estar disposto ou não ter os meios ou a habilidade para usar tecnologias de conexão como a internet; uma preferência pessoal por privacidade; ou a sensação de que você trabalha melhor sozinho. Se esta for sua opção preferida, lembre-se de que geralmente é mais difícil persistir em algo quando a única pessoa a quem deve prestar contas é você mesmo! É muito importante reservar horários regulares para se envolver com os exercícios e desenvolver objetivos claros sobre o que você pretende alcançar. Você também pode descobrir que trabalhar nos exercícios de autoprática pode, algumas vezes, desencadear uma resposta emocional inesperada mais intensa do que o previsto; portanto, caso você trabalhe sozinho, é importante prestar atenção especial ao desenvolvimento prévio de uma estratégia de salvaguarda pessoal. Isso será discutido com mais detalhes posteriormente neste capítulo.

Usando este livro com um colega ou amigo

O *feedback* dos participantes ao longo dos anos tem confirmado repetidamente que os terapeutas descobrem que o engajamento em um programa de AP/AR é enriquecido quando a experiência é compartilhada.[2,19] Resolver os exercícios e depois compartilhar as reflexões com outra pessoa pode ser uma experiência muito gratificante e útil para superar algumas dificuldades da abordagem mais individualizada. Uma experiência compartilhada nos ajuda a permanecer no caminho certo, facilita a expansão e a elaboração da experiência tanto da AP como da AR, normaliza as dificuldades e, idealmente, fornece apoio, incentivo e sintonia empática. No entanto, a sua escolha de um parceiro precisa ser considerada. O nível de confiança deve ser alto, e a confidencialidade é obviamente muito importante. Também deve-se considerar os níveis relativos de experiência, o conhecimento teórico do modelo de TCC e o estágio de desenvolvimento profissional. Como será discutido com mais detalhes posteriormente, terapeutas menos experientes ou terapeutas que estão passando pelo treinamento básico geralmente são aconselhados a focar sua atenção no desenvolvimento de uma compreensão do modelo da TCC e da habilidade para aplicá-lo, enquanto terapeutas experientes podem estar mais interessados em desenvolver autocompreensão em um nível mais pessoal para trabalhar de forma mais efetiva com clientes complexos, com os quais a relação terapêutica pode assumir maior centralidade.[12,35,93,94] Portanto, em uma situação em dupla é importante levar em consideração esses fatores para maximizar a experiência e minimizar qualquer possível frustração ou decepção. Por fim, certifique-se de que ao trabalhar com outra pessoa esse tempo seja compartilhado igualmente. Tome cuidado para não entrar em uma situação em que uma pessoa domine e a outra se torne um ouvinte passivo ou um "terapeuta" da outra.

Usando este livro em grupos

Trabalhar com o programa de AP/AR em um grupo é uma alternativa interessante, e o *feedback* confirma que os participantes que experimentam AP/AR nesse contexto desfrutam de benefícios consideráveis, ampliando muitas das vantagens de uma situação com um colega ou amigo. Os grupos podem ser de vários tipos: por exemplo, profissionais que trabalham em um centro de saúde mental ou consultório particular, em grupos de supervisão com pares, grupos de interesse ou grupos que fazem parte de um programa de graduação universitária. Os grupos podem se encontrar "fisicamente" ou ser "virtuais", no sentido de que a interação se dá via internet, onde podem ser estabelecidos fóruns de discussão, salas de bate-papo ou *sites* e *blogs* interativos. Alguns dos fatores mencionados anteriormente, como confiança, compatibilidade, nível de experiência, etc., precisam ser cuidadosamente considerados. Os prós e contras referentes a grupos em que seus membros mantêm contato profissional muito próximo entre si também exigem alguma consideração e gerenciamento, pois o contexto profissional pode inibir a exposição franca, principalmente se a organização for hierárquica.

Usando este livro com um supervisor

Este livro pode ser um acréscimo muito útil à "supervisão usual" e pode ser usado de diferentes maneiras nesse contexto. O progresso a partir do livro pode se tornar um item regular na pauta da supervisão, e as questões que surgirem em relação a ele podem ser discutidas quando necessário. Este pode ser um modelo útil e de apoio a ser considerado para terapeutas interessados em trabalhar nos módulos por conta própria usando uma abordagem autoguiada.

Este livro também pode ser usado na supervisão de forma mais direcionada: por exemplo, exercícios particulares de AP podem ser recomendados para melhorar a compreensão e o uso hábil das intervenções apresentadas (muitas das quais são intervenções tradicionais da TCC, como o diário de atividades e do humor, registros de pensamentos e experimentos comportamentais). No trabalho com terapeutas mais experientes, os exercícios do livro podem ser usados para facilitar a autocompreensão relevante para a compreensão das rupturas na relação terapêutica e outras dificuldades.

QUESTÕES PRÁTICAS DA AP/AR: MAXIMIZANDO O ENGAJAMENTO E COLHENDO OS BENEFÍCIOS

Escolhendo o "problema desafiador"

O trabalho com este livro de AP/AR coloca você no palco principal. Em primeiro lugar, você precisa escolher um "problema desafiador" como ponto de partida para a aplicação dos exercícios de AP. Você receberá muitas orientações para fazer isso quando iniciar os exercícios e deve refletir se deseja trabalhar em uma área de dificuldade *pessoal* ou *profissional*. Como orientação geral, sugerimos que, se você for um terapeuta relativamente novo, considere áreas de dificuldade relacionadas ao seu trabalho: muito possivelmente ao seu desenvolvimento como terapeuta. As áreas podem ser a sua compreensão e a aplicação de aspectos do modelo da TCC, sua confiança como terapeuta ou as demandas concomitantes do programa que você está realizando. São exemplos típicos situações como as exigências da supervisão ou da prática clínica; as relações com seus supervisores, mentores ou colegas; a ansiedade em relação ao trabalho com determinados clientes; ou dúvidas sobre si mesmo como terapeuta.

Por sua vez, profissionais mais experientes podem pensar que trabalhar em áreas de dificuldade pessoais é mais relevante para o trabalho com clientes complexos, com a supervisão de estagiários ou algo semelhante. Exemplos de problemas mais relevantes do ponto de vista pessoal podem ser problemas interpessoais, reconhecer uma preocupação exagerada com o que os outros podem pensar de você, dificuldades com certos tipos de expressão emocional (p. ex., raiva), ou achar difícil confiar em outras pessoas. É claro que não há razão para você não usar os exercícios do livro para trabalhar em mais de uma questão. Isso pode ser feito em conjunto ou em sequência. No entanto, é importante monitorar a si mesmo, escolher o que é apropriado às suas necessidades atuais e ao tempo disponível, e evitar questões que possam provocar fortes reações emocionais (p. ex., traumas atuais ou passados ou luto complicado).

Gerenciamento do tempo

Você terá melhor aproveitamento se trabalhar os 12 módulos sistematicamente. Cada módulo se baseia no que foi obtido no anterior – é provável que você perca o fio da meada se pegar atalhos. É importante reservar tempo suficiente para resolver os exercícios e refletir sobre o processo.

Estabeleça uma rotina que funcione para você. A maioria das pessoas não tem um período ocioso em seu dia. Se puder, encontre uma forma de estabelecer um horário definido para AP/AR nos seus dias. Embora grande parte do trabalho seja realizada no seu dia a dia, isso o ajudará a identificar um momento específico para refletir a respeito e concluir o livro de exercícios. Talvez isso signifique acordar um pouco mais cedo ou, se tiver filhos, reservar um tempo depois que eles tiverem ido para a cama. Você pode usar um diário ou um calendário para planejar. Deixar longos intervalos de tempo entre os módulos ou exercícios pode significar perder o foco e o interesse.

Quanto tempo você deve reservar? Nossa experiência sugere que, se o tempo e o espaço permitirem, cada módulo é concluído melhor em uma semana. Os módulos da primeira metade do livro provavelmente exigirão cerca de 1 a 2 horas (o Módulo 2 pode levar 2 a 3 horas). Os módulos da segunda parte (Módulos 7 a 12) podem levar um pouco mais de tempo, talvez 2 a 3 horas por módulo. Os exercícios em alguns módulos (p. ex., Módulos 3, 9, 10, 11) podem exigir prática diária. Levando isso em consideração, seu comprometimento total com o programa deve abranger pelo menos 12 semanas.

Se o programa for em grupo, um módulo a cada duas semanas pode ser mais realista. Isso dará tempo ao grupo tanto para AP quanto para reflexões pessoais, bem como para ler e comentar as reflexões dos membros do grupo. O reconhecimento realista da quantidade de tempo necessária reduzirá a probabilidade de ficar sobrecarregado inesperadamente.

Escolhendo quando fazer AP/AR

É aconselhável evitar fazer AP/AR em momentos de grande estresse pessoal, pois ela não foi elaborada para ser "autoterapia" e pode ser contraproducente durante esses momentos. O perigo é que se torne apenas mais uma "coisa a fazer" ou, pior ainda, pode desencadear mais sofrimento se você estiver trabalhando em pensamentos emocionalmente intensos. É muito melhor adiar sua participação para outro momento, caso seja possível. Se precisar fazer AP/AR como uma exigência de um curso, escolha um problema na extremidade mais leve do espectro.

Mantendo-se seguro

Garantindo a confidencialidade

Se você estiver usando este livro em treinamento ou em um grupo que se reúne presencialmente ou em um fórum mais amplo baseado na internet, lembre-se de que você tem controle *total* sobre o que compartilha. Há duas questões aqui: reflexão no seu espaço privado e reflexão no espaço público. Sugerimos que você reflita profundamente no seu espaço privado (veja a seção "Construindo sua capacidade reflexiva" neste capítulo). No espaço público, você deve fazer uma distinção clara entre o *conteúdo* e o *processo* da sua AP de TCC. Nossa recomendação geral é que no espaço público você reflita sobre o processo da TCC (p. ex., "Achei difícil criar um experimento comportamental, mas depois que o fiz..."), mas não sobre o conteúdo da sua AP de TCC (p. ex., "Minha ansiedade ao pedir uma folga ao meu chefe estava fora de controle"). Às vezes, quando os grupos já desenvolveram vínculos estreitos, os participantes tomam suas próprias decisões informais sobre a inclusão de reflexões sobre o conteúdo, mas esses grupos tendem a ser as exceções.

Desenvolvendo uma estratégia de salvaguarda pessoal

A AP/AR nem sempre é confortável. Todos nós podemos nos deparar com pensamentos e sentimentos que nos pegam de surpresa e nos perturbam. Isso deve ser esperado, mas em geral se resolve rapidamente por meio do processo de AP/AR. Entretanto, às vezes o estresse pode parecer prolongado e menos administrável, por isso, recomendamos que você desenvolva uma *estratégia de salvaguarda pessoal* antes de iniciar o programa. Com isso, nos referimos a uma série de passos gradativos que você pode dar caso fique angustiado durante o programa. Este é um exemplo típico de uma estratégia de salvaguarda pessoal em três passos:

1. Discutir o problema com meu parceiro (ou um colega de AP/AR).
2. Conversar com o facilitador da AP/AR (ou com meu supervisor).
3. Se a minha reação emocional desagradável ou angustiante não se resolver em duas ou três semanas, consultar um terapeuta ou um profissional de saúde de confiança.

MAXIMIZANDO O ENGAJAMENTO E COLHENDO OS BENEFÍCIOS DA AP/AR

- Escolha um "problema desafiador" apropriado.
- Considere se deve ser um problema profissional ou pessoal.
- Não escolha uma área de dificuldade relacionada a traumas atuais ou passados.
- Gerenciamento do tempo: reserve tempo suficiente e planeje quando fazer AP/AR.
- Escolha quando fazer AP/AR: evite AP/AR em momentos de grande estresse pessoal.
- Mantenha-se seguro: estabeleça combinações de confidencialidade claras.
- Faça uma distinção entre suas reflexões no espaço privado e reflexões no espaço público.
- Para manter a sensação de segurança, a recomendação geral é que no espaço público você reflita sobre o processo, não sobre o conteúdo da sua experiência na AP.
- Estabeleça uma estratégia de salvaguarda pessoal antes de iniciar a AP/AR para o caso de ficar angustiado durante o processo.

CONSTRUINDO SUA CAPACIDADE REFLEXIVA

Nossa experiência na execução de programas de AP/AR sugere que o nível de habilidade reflexiva e motivação para refletir é variável na população de terapeutas. Alguns terapeutas de TCC têm o que parece ser uma capacidade reflexiva "natural" desde o início do seu treinamento; outros podem ser mais desconfiados e/ou ansiosos quanto à reflexão, levando mais tempo para se engajar em um programa de AP/AR. Além disso, pressões familiares e vida profissional atribulada podem dificultar a reflexão efetiva de forma consistente. O livro *Reflection in CBT (Reflexões em TCC)*,[105] de Beverly Haarhoff e Richard Thwaites, fornece orientações detalhadas sobre como refletir. Nesta seção, apresentamos algumas diretrizes e dicas gerais. As diretrizes abrangem a preparação para a reflexão, o processo de reflexão, a escrita autorreflexiva e como cuidar de si mesmo durante o processo.

Preparando-se para a reflexão

É importante estabelecer uma estrutura que facilite a reflexão, que seja segura, gerenciável e sustentável.

- **Não espere por um momento em que você tenha vontade de abrir o livro.** Para a maioria das pessoas, sempre haverá uma lista de coisas que precisam ser feitas em outras áreas da sua vida, portanto, é importante agendar um tempo regular para reflexão. Veja também a seção "Gerenciamento do tempo".
- **Esteja preparado para reações emocionais intensas.** A AP/AR pode ser desconfortável, angustiante, estimulante, excitante ou prazerosa. Não há uma forma certa ou errada de responder. As pessoas têm reações diferentes e você pode esperar reagir de formas variadas a diferentes módulos.
- **Esteja preparado para momentos de ambivalência ou para pensamentos de vontade de desistir.** Isso é normal. Mudar é difícil. Tente não tomar decisões rápidas sobre abandonar o programa. Use as técnicas incluídas no livro (p. ex., resolução de problemas) para identificar se suspender seu envolvimento em um programa de AP/AR é a decisão correta no momento.
- **Esteja ciente dos potenciais intervalos naturais no processo (p. ex., férias) e tome providências para minimizar a interrupção.** O *feedback* sugere que esses são momentos de risco potencial para o desengajamento, a menos que você planeje como manter a continuidade e o reengajamento após um intervalo.
- **Planeje onde irá guardar o livro e o registro das suas reflexões.** Você pode se sentir um pouco ansioso quanto à possibilidade de outras pessoas lerem suas reflexões. Isso se assemelha aos sentimentos que os clientes têm ao manter diários de pensamentos. Escolha onde irá guardar seu livro ou as reflexões. Algumas pessoas preferem mantê-los eletronicamente para que sejam protegidos por uma senha. Encontre uma solução que funcione para você e use isso como um ponto de partida para pensar sobre as implicações para os clientes de manterem seus pensamentos pessoais em um local seguro.

O processo de reflexão

- **Encontre um horário e um local** onde você provavelmente não será perturbado ou distraído.
- **Faça a transição do exercício de AP para a tarefa de reflexão.** Os participantes de AP/AR geralmente relatam que o uso de um exercício de respiração focada ou um exercício de *mindfulness* é útil para possibilitar que passem da AP para um estado mais reflexivo.
- **Use tudo o que funcionar para você para melhorar sua recordação das situações e a consciência de seus próprios pensamentos e sentimentos.**
    - Você pode achar mais fácil se fechar os olhos ao tentar se lembrar de uma situação e das emoções, reações corporais, pensamentos e comportamentos que a acompanham.

- Escolha uma situação específica e os momentos em que a situação pareceu mais intensa.
- Quando estiver se lembrando de uma situação, reconstrua-a mentalmente com o máximo possível de detalhes sensoriais (p. ex., o que o cliente estava vestindo, como era a sala, a atmosfera, os sons, os odores?).
- Entre em sintonia com seu corpo, observe como você está (e estava) se sentindo, tanto física quanto emocionalmente.

- **Fique com seus pensamentos e sentimentos.** Muitas vezes, os terapeutas da TCC se apressam para desafiar seus pensamentos ou resolver problemas. Isso pode ser feito à custa de acessar níveis mais profundos de pensamento ou de experimentar mais plenamente as emoções que acompanham esses pensamentos. Tente não afastar pensamentos que sejam desconfortáveis ou talvez não se encaixem em como você gosta de se ver.
- **Observe o inesperado.** Pode haver uma discordância entre o que você percebe e o que você esperava – talvez seja até mesmo uma *ausência* de sentimento ou pensamento quando você esperaria pensar ou sentir algo. Pode ser que você se perceba voltando para as *Antigas Formas de Ser* quando pensa que já havia mudado as antigas formas de pensar e sentir.
- **Monitore se você está refletindo ou ruminando.** Se você se pegar divagando ou perceber que seu pensamento está andando em círculos, vale a pena considerar se você desviou de um espaço reflexivo (objetivo, independente) para um processo mais ruminativo.
- **Mantenha-se compassivo consigo mesmo.** A experiência nos diz que muitas vezes os terapeutas podem expressar frustração ou incômodo quando identificam suas próprias crenças ou comportamentos inúteis. Em certas ocasiões, eles podem ficar bastante angustiados. Muitas vezes, pode haver um pensamento não reconhecido do tipo: "Sou um terapeuta e passo o dia todo ajudando as pessoas a entenderem e mudarem a si mesmas; eu jamais deveria pensar ou agir de formas inúteis". Os terapeutas também são seres humanos! Todos nós agimos de formas inúteis às vezes; todos nós temos crenças que são autolimitantes ou mesmo autodestrutivas. Observar seus pensamentos e comportamentos de maneira curiosa, receptiva e compassiva sem se apressar em tirar conclusões é uma postura útil para fazer AP/AR.
- **Use a AP/AR para abordar pensamentos autocríticos.** Se você perceber que está sendo autocrítico, aprender a perceber isso e trazer sua atenção de volta para o foco do trabalho provavelmente será útil. Pensamentos autocríticos podem ser experiências valiosas para a AP/AR, conduzindo ao *insight* e à mudança, tanto pessoal quanto profissionalmente. Retornaremos a essa ideia ao longo do livro.
- **A reflexão pode acontecer em etapas e quando você menos espera.** Se você perceber que está emperrado, não há problema em deixar suas reflexões de lado e revisitá-las mais tarde. Muitas vezes, acontece posteriormente com você alguma outra coisa no módulo ou no livro que lhe permite voltar e expandir suas reflexões iniciais.

- **Faça perguntas a si mesmo enquanto reflete sobre suas experiências.** A seção final de cada módulo apresenta um conjunto de perguntas autorreflexivas – mas sinta-se à vontade para acrescentar as suas próprias perguntas. O objetivo é aprofundar sua compreensão e encontrar novas associações, relacionando sua experiência pessoal com suas crenças sobre si mesmo, sobre seus clientes e sobre a TCC como um modelo de psicoterapia.
- **Procure unir o pessoal e o profissional.** Nossos dados de pesquisa sugerem que as pessoas que obtêm mais benefícios são aquelas que conseguem usar a AP/AR para refletir sobre como se veem como terapeutas e também como pessoas na sua vida em geral.[14,25] Algumas das pessoas que mais se beneficiaram apresentaram um padrão em espiral de reflexões que oscilam entre seu "*self* terapeuta" e seu "*self* pessoal".

Escrita autorreflexiva

- **Escreva na primeira pessoa.** Ao escrever suas reflexões sobre a sua prática, geralmente é mais útil escrever na primeira pessoa (p. ex., "Notei que...", "Senti..."). Evite escrever de formas que o distanciem da sua experiência direta.
- **Sua escrita criará novas compreensões.** Uma das coisas empolgantes que os participantes descobrem ao fazerem AP/AR é que escrever não é o produto de pensar; escrever *é* pensar. Escrever é uma parte essencial do processo reflexivo. Por meio do processo de escrita, os participantes geralmente descobrem que são capazes de recordar novos elementos de uma experiência, desenvolver novas perspectivas e obter novas compreensões.
- **Escreva honestamente, pois você não está escrevendo para um público.** Até que compartilhe suas reflexões no espaço público, todas as suas reflexões registradas no livro são apenas para você. Você deve se esforçar para que elas sejam o mais honestas e autênticas possível para que possa obter o máximo da experiência.

Cuidando de você mesmo

- **Reflita sobre as suas necessidades.** Se você não quiser se engajar em uma tarefa ou módulo específicos (p. ex., está sob grande estresse e fazer o exercício pode aumentar esse estresse), sugerimos que, em vez disso, você use o tempo e o espaço para refletir sobre o que precisa fazer para cuidar de si mesmo.
- **Não espere a perfeição, ela é inatingível!** Muitos indivíduos acabam questionando suas habilidades clínicas ou sua eficácia como terapeuta. Colocando-se no papel do cliente, eles podem se tornar mais conscientes em relação às deficiências que antes estavam fora de sua consciência e podem perceber que não estão se saindo tão bem quanto pensavam. O ajuste de padrões e expectativas é um processo normal quando se faz AP/AR, e geralmente se estabiliza ao longo do programa. É importante sempre ter em mente que o terapeuta ideal não existe; estamos todos em processo de aprendizagem!

> **CONSTRUINDO SUA CAPACIDADE REFLEXIVA**
>
> **Preparação**
>
> - Planeje horários regulares para reflexão.
> - Esteja preparado para reações emocionais variadas e fortes.
> - Esteja preparado para momentos de ambivalência.
> - Planeje manter a continuidade da AP/AR depois de intervalos como férias ou feriados.
> - Encontre um local seguro para guardar o livro e suas reflexões escritas.
>
> **O processo de reflexão**
>
> - Encontre um horário e um local onde você não será perturbado ou distraído.
> - Use um exercício como meditação *mindfulness* para fazer a transição da AP para a tarefa de reflexão.
> - Use estratégias como imaginação e foco na sensação corporal para melhorar sua recordação de situações específicas, e para deixá-lo mais consciente dos seus pensamentos e emoções.
> - Não censure seus pensamentos.
> - Experimente e observe o inesperado.
> - Observe se você está refletindo ou ruminando.
> - Mantenha-se compassivo consigo mesmo.
> - Use a AP/AR para abordar pensamentos autocríticos.
> - A reflexão pode acontecer em etapas; revisitar reflexões anteriores pode ser útil.
> - Faça perguntas a si mesmo enquanto reflete sobre suas experiências.
> - Procure unir o pessoal e o profissional.
>
> **Escrita autorreflexiva**
>
> - Use a primeira pessoa ("eu") para escrever.
> - Escrever é uma parte essencial do processo reflexivo; o processo de escrita cria novas compreensões.
> - Escreva honestamente e lembre-se de que você não está escrevendo para um público.
>
> **Cuidando de você mesmo**
>
> - Reflita sobre suas necessidades, especialmente quando estiver estressado.
> - Não espere a perfeição, ela é inatingível! Somos todos aprendizes.

EXEMPLOS DOS TRÊS TERAPEUTAS: SHELLY, JAYASHRI E DAVID

Ao longo do livro, iremos nos referir aos nossos três terapeutas "representantes", Shelly, Jayashri e David. Todos os módulos contêm exemplos de um ou mais deles para ilustrar como usar técnicas particulares. Shelly, Jayashri e David estão em estágios diferentes em seu desenvolvimento como terapeutas: Shelly está começando, Jayashri acabou de se qualificar e David é um terapeuta experiente.

Shelly está fazendo seu primeiro treinamento em TCC. Ela já foi a alguns *workshops* e começou a atender clientes sob supervisão regular. Ela notou que seu humor é significativamente afetado pela forma como suas sessões de terapia e supervisão estão ocorrendo. Sua tendência é ser altamente autocrítica sobre tudo o que acha que "não está totalmente correto". Desde que ela consegue se lembrar, é uma pessoa perfeccionista. Ela trabalhou duro, tirava notas muito boas na escola e era o orgulho da sua família. Na graduação, sentia-se estressada pelos estudos – desnecessariamente, admite, pois mais uma vez se saiu muito bem.

Ela acha seu treinamento em TCC desafiador e estressante. Em particular, ultimamente tem evitado as sessões de supervisão ou passa horas se preparando para elas. Ela se sente muito responsável por cada cliente. Se eles não estão melhorando, isso a angustia. Ela acha que deve estar fazendo as coisas de forma errada, e que deveria estar fazendo melhor. Sua expectativa é que tanto os clientes quanto seu supervisor a julgam como "não estando à altura de ser uma terapeuta".

Como terapeuta em treinamento, Shelly foi aconselhada a focar sua AP/AR em um problema do "*self* terapeuta", em vez de em um problema do "*self* pessoal". Ela escolheu trabalhar em seu sentimento de incompetência como terapeuta. Quando começa a fazer AP/AR, ela se torna muito consciente de como suas visões de si mesma estão afetando suas emoções e seu comportamento.

Jayashri é uma terapeuta competente e dedicada que acabou de começar na prática clínica independente. Depois de ter feito a transição de uma carreira empresarial para a psicologia, Jayashri recentemente concluiu seu treinamento em psicologia clínica. Agora, ela está tentando consolidar tudo o que aprendeu enquanto lida com as demandas do seu novo trabalho e seu casamento recente com Anish.

Ela acha difícil trabalhar com as emoções angustiantes de seus clientes. Quando revisa suas sessões, nota que sua abordagem pode ter um foco excessivamente cognitivo. Seu supervisor também comentou sobre essa questão. Jayashri não tem certeza por que, mas observou que se sente muito desconfortável ao ver os clientes em sofrimento e percebe que se apressa para fazer algo para aliviar esse sofrimento, reconhecendo que isso muitas vezes atrapalha que os ajude a entender o que está ocorrendo e fazer mudanças a mais longo prazo. Esse padrão é particularmente pronunciado quando trabalha com clientes ansiosos.

Jayashri reconheceu que sua tendência a "tentar fazer os clientes se sentirem melhor" pode resultar em apoiar inadvertidamente os comportamentos de evitação de seus clientes ansiosos. Ela também notou que está adiando as sessões de terapia em que intervenções de TCC como exposição e prevenção de resposta são indicadas. Ela está empenhada em ser a terapeuta mais eficaz que pode ser e "sabe teoricamente" que pode ajudar seus clientes de forma mais efetiva mantendo, ou mesmo evocando, níveis mais elevados de emoção. Entretanto, ela também acredita que sempre deveria fazer seus clientes se sentirem melhor, e isso faz com que seja muito difícil para ela testemunhar expressões emocionais angustiantes. Para complicar as coisas, às vezes ela fica presa em um ciclo de autocrítica em torno de seus padrões arraigados, o que piora seu humor durante e após as sessões. Nesses momentos, ela pode se sentir bastante deprimida.

Jayashri é muito dedicada e altamente motivada para fazer mudanças. Como terapeuta recentemente qualificada, ela consegue identificar elementos específicos da sua terapia que gostaria de melhorar. Ela decidiu, assim como Shelly, focar sua AP/AR em seu *"self* terapeuta". Seus objetivos em relação ao livro de AP/AR são (1) entender o padrão em que está sempre caindo, (2) fazer mudanças significativas na sua capacidade de trabalhar com a emoção nas sessões e (3) tornar-se uma terapeuta melhor.

David tem cerca de 55 anos. Ele trabalha há muitos anos como psicoterapeuta na prática privada. Sua formação original foi como analista transacional, e ao longo dos anos tem participado de muitos *workshops* diferentes, interessando-se por inúmeros e diferentes modelos de psicoterapia. Recentemente, ele assumiu um cargo em um centro de aconselhamento focado principalmente no tratamento de clientes que têm diagnóstico de um dos transtornos de ansiedade. O tratamento de escolha no centro é a TCC de curta duração.

David se sente confiante em sua habilidade de engajar os clientes no processo terapêutico e se considera muito competente ao usar o estilo eclético de psicoterapia que tem empregado ao longo dos anos. No entanto, em seu novo emprego, ele se sente um pouco pressionado pela administração para se adequar ao modelo do serviço. Ele acredita que sua longa experiência e a amplitude de seu conhecimento não são muito valorizados por seus colegas e se sente analisado e às vezes julgado por seu supervisor muito mais jovem, que é um terapeuta de TCC credenciado. Isso o deixa ansioso e, algumas vezes, com raiva.

David também reconhece que muitas vezes se sente avaliado e julgado negativamente por outros colegas no trabalho e por pessoas que conhece socialmente, sobretudo os amigos de sua parceira, Karen. Ele percebe que, como resultado, acaba dando desculpas e tenta evitar eventos sociais com Karen. Isso magoa os sentimentos dela e está começando a afetar o relacionamento deles. David tem mergulhado em livros de TCC e participado de *workshops* curtos sobre vários aspectos da TCC, mas ainda não concluiu um treinamento formal sobre o assunto. Ele se interessa pelo modelo da TCC, mas o considera um tanto superficial e tem dúvidas sobre intervenções de curta duração. Seu supervisor sugeriu que um livro de AP/AR poderia ser uma forma útil de aprender mais sobre a TCC e sua aplicação. Tendo feito terapia pessoal como parte do seu treinamento original, David está intrigado e cético com essa ideia, mas decidiu experimentar. Ele reconhece que ficar ansioso com o que os outros pensam sobre ele tem sido um problema que o persegue durante toda a sua vida. Assim, escolheu trabalhar nesse problema a partir de uma perspectiva pessoal em vez de profissional.

Esperamos que os exemplos de Shelly, Jayashri e David nos módulos lhe deem uma ideia sobre como os exercícios de AP/AR podem ser usados.

4

Orientação para facilitadores de autoprática/autorreflexão

A criação de programas de sucesso de autoprática/autorreflexão (AP/AR) está entre as experiências mais gratificantes que já tivemos como treinadores de terapia cognitivo-comportamental (TCC). Os participantes que se beneficiam de AP/AR geralmente relatam uma série de momentos "reveladores", obtendo *insight*, conhecimento e habilidades em maior abundância do que normalmente é garantido por técnicas de treinamento padrão. Para um facilitador de programas de AP/AR, há um sentimento considerável de satisfação derivada de ver os participantes realmente "compreenderem".

Este capítulo foi escrito para apoiar treinadores e praticantes no uso de *Experimentando a terapia cognitivo-comportamental de dentro para fora* para facilitar grupos de AP/AR. Esses grupos podem ser liderados por pares ou por treinadores usando o livro para desenvolvimento profissional; ou grupos liderados por treinadores em que o livro é integrado a um programa de treinamento em TCC baseado na universidade ou no trabalho.

Este capítulo se baseia em grande parte nas necessidades dos participantes de AP/AR que identificamos no Capítulo 3 e deve ser lido juntamente com esse capítulo. Se a facilitação de um grupo de AP/AR não fizer parte da sua agenda atual, ainda assim você poderá considerar este capítulo de interesse, mas ele não é essencial para a compreensão de *Experimentando a terapia cognitivo-comportamental de dentro para fora*.

Este capítulo é dividido em quatro seções. A primeira seção aborda o papel do facilitador em um programa de AP/AR. A segunda seção foca nas necessidades do seu grupo de AP/AR. A terceira seção abrange as diretrizes para preparar seu grupo para um programa de AP/AR; destacamos o papel central do prospecto do programa e da reunião pré-grupo para preparar os participantes e a importância de apresentar uma justificativa forte para AP/AR, atingindo compreensões claramente combinadas das exigências do programa e criando um sentimento de segurança com o processo. Na quarta seção, sugerimos formas de "lubrificar a engrenagem" do processo de AP/AR durante a implementação do programa de modo que os participantes se mantenham motivados e engajados e obtenham os maiores benefícios.

O PAPEL DO FACILITADOR DA AP/AR

Usamos o termo "facilitador" em vez de "treinador" deliberadamente no contexto da execução de programas de AP/AR. Facilitar um programa de AP/AR é diferente de executar um programa de treinamento em TCC "usual"; requer habilidades diferentes.[2,95] O papel do treinador nos programas usuais de TCC é desenvolver o conhecimento e as habilidades de TCC por meio de palestras, leituras, modelagem, dramatizações, supervisão e *feedback* sobre o desempenho; o foco está no ensino e no desenvolvimento de habilidades para uso "lá fora".

Por sua vez, o foco da AP/AR é no indivíduo; este pode ser o "*self* terapeuta" ou o "*self* pessoal", mas em ambos os casos a AP/AR é responsável por despertar ansiedades, insegurança, frustração e, em certas ocasiões, um grau de sofrimento. Os programas de AP/AR duram algumas semanas e tendem a eliciar mais demandas emocionais dos participantes do que os programas de TCC usuais, uma vez que a aprendizagem provém de exercícios autoexperienciais e de autorreflexão, e não de uma fonte externa de especialização (um treinador ou livro). Assim, há maior necessidade de que os treinadores/facilitadores sejam sensíveis às necessidades individuais e às ansiedades dos participantes em um contexto de AP/AR do que dentro de um programa de treinamento de TCC usual. Um papel fundamental é criar um processo seguro e tranquilo, que antecipe e remova as barreiras à aprendizagem experiencial dos participantes.

O PAPEL DO FACILITADOR DE AP/AR

- O papel do facilitador de AP/AR é diferente do papel do treinador de TCC "usual".
- Uma relação colaborativa com os participantes de AP/AR é central.
- As principais tarefas incluem garantir que:
  - Os participantes entendam a lógica da AP/AR.
  - Tenham clareza e estejam confortáveis quanto às exigências do curso (se aplicável).
  - Sintam-se seguros com o processo.
  - Estejam bem engajados com o processo do grupo.

Fundamental para o papel do facilitador é a relação colaborativa. Assim como a relação colaborativa com os clientes é fundamental para a boa TCC, com os membros do grupo de AP/AR também é crucial criar um grupo com bom funcionamento. É improvável que a AP/AR funcione bem se os participantes se sentirem coagidos; em tais circunstâncias, eles provavelmente apenas "façam porque têm de fazer". Portanto, antes do início do programa, o facilitador precisa garantir que os participantes compreendam e estejam engajados com a justificativa para fazer AP/AR; tenham clareza e estejam confortáveis quanto às exigências do curso; e sintam-se seguros.

Outra habilidade importante é criar condições para a interação efetiva do grupo a fim de formar uma comunidade de aprendizagem, uma vez que o modo principal de aprendizagem é a partir das reflexões de cada um, e não de um treinador especialista.[17,19] O papel inclui criar um fórum seguro e manter um olhar atento ao processo do grupo, contribuindo quando apropriado e observando se algum participante está com dificuldades.

O restante deste capítulo dá ênfase ao papel do facilitador, identificando ferramentas e processos essenciais para a criação de programas de AP/AR bem-sucedidos.

ALINHANDO O PROGRAMA DE AP/AR COM AS COMPETÊNCIAS E NECESSIDADES DOS PARTICIPANTES

Como já indicamos, uma ampla gama de participantes em todos os níveis de experiência se beneficia de AP/AR. Entretanto, é axiomático que ao criar um programa de AP/AR o facilitador deve procurar alinhá-lo estreitamente com as competências e necessidades dos participantes.

Para algumas pessoas, a AP/AR pode ser uma perspectiva assustadora devido ao seu foco no pessoal; outras podem encará-la como um "sopro de ar fresco". Alguns grupos podem estar fazendo AP/AR como parte de um programa introdutório de treinamento em TCC; outros podem já ser altamente proficientes em TCC. Para alguns, a AP/AR pode ser uma parte compulsória de um programa de certificação; outros podem ter pago espontaneamente para participar. Alguns participantes já têm habilidades reflexivas bem desenvolvidas; para outros, a reflexão pode ser um território desconhecido. Alguns podem trabalhar ou estudar juntos; outros podem ter pouca ou nenhuma relação prévia. A abordagem do facilitador deve estar necessariamente sintonizada com as necessidades do grupo. Por exemplo, é provável que participantes para os quais a AP/AR seja uma parte obrigatória do seu programa de treinamento, ou que têm pouca experiência no trabalho de desenvolvimento pessoal, precisem de mais aculturação e adaptação à AP/AR do que aqueles que aderiram voluntariamente a um programa de AP/AR.[2] Para participantes com menos experiência em terapia ou motivação intrínseca, informações preparatórias e discussão provavelmente serão particularmente importantes.

Portanto, *Experimentando a terapia cognitivo-comportamental de dentro para fora* deve ser usado de forma flexível e adaptado de acordo com a experiência e as necessidades do grupo. Como princípio geral, o facilitador deve ter como objetivo criar um grupo relativamente homogêneo com um nível de conhecimento e habilidades similares; caso contrário, a coerência do grupo estará ameaçada e seus membros poderão se sentir desafiados ou frustrados por outros membros do grupo.

As adaptações às diferentes necessidades dos grupos podem ser feitas com facilidade modificando as perguntas autorreflexivas no fim de cada módulo.[16,95] Por exemplo, para supervisores de TCC podem ser incluídas perguntas reflexivas sobre as implicações do módulo para a supervisão de forma a ajudar os participantes a integrar plenamente suas experiências aos seus papéis mais amplos. Ou se a AP/AR for integrada a um programa de treinamento de TCC já existente que tenha um foco na TCC para depressão, os participantes podem ser solicitados a identificar as implicações da sua experiência de ativação comportamental para o tratamento de clientes com depressão. Programas de AP/AR mais avançados ou especializados podem pedir aos participantes que identifiquem e reflitam sobre suas suposições a respeito de pessoas de outros grupos culturais ou étnicos e as implicações para seu trabalho com clientes dessas comunidades.

Como sugerimos no Capítulo 3, podem ser feitos ajustes para o estágio de desenvolvimento do terapeuta. Em geral, para terapeutas no início da carreira (como Shelly e Jayashri), o foco deve ser em transformar o conhecimento declarativo (factual) da TCC em habilidades procedurais em ação. Aqui, a confiança como terapeuta pode ser um problema,[95] por isso, geralmente é aconselhável focar o programa de AP/AR no "*self* terapeuta" (p. ex., "Minha falta de confiança ao trabalhar com pessoas com depressão"). Já um foco no esquema do "*self* pessoal" pode ser desafiador, mas apropriado, para profissionais de TCC mais experientes (como David) para aumentar a autoconsciência do terapeuta, suas habilidades interpessoais e sua capacidade reflexiva.[15] Essas habilidades são particularmente importantes quando se trabalha com clientes com problemas complexos que podem desafiar o terapeuta, desencadeando reações inesperadas.[93]

Os participantes variam consideravelmente em suas habilidades reflexivas iniciais. Para alguns, a AR pode ser uma maneira familiar de processar seu mundo; para outros, pode ser um território desconhecido. Alguns podem refletir profundamente sobre sua experiência pessoal, mas têm dificuldade para fazer relação com as implicações para a prática da TCC; enquanto outros podem evitar a experiência pessoal e a AR. Para preparar os participantes, muitas vezes é útil explicar a importância da reflexão no desenvolvimento das habilidades do terapeuta;[14,27,28,30,31,35,97] fornecer exemplos escritos de "reflexão útil" de outros grupos; e, durante o programa, destacar exemplos de reflexões particularmente produtivas dos membros do grupo. No contexto deste livro, você deve garantir que a atenção dos treinandos seja atraída para a seção "Construindo sua capacidade reflexiva" do Capítulo 3 (ver páginas 22 a 26).

Outras formas pelas quais os programas de AP/AR podem ser alinhados com as necessidades dos participantes são identificadas na próxima seção, "Preparação para AP/AR".

ALINHANDO O PROGRAMA DE AP/AR COM AS COMPETÊNCIAS E NECESSIDADES DOS PARTICIPANTES

- O programa de AP/AR deve estar intimamente alinhado com as competências dos participantes e com as necessidades dos diferentes grupos de treinamento.
- É preferível ter grupos relativamente homogêneos em termos de habilidades e experiência.
- Podem ser feitas adaptações para diferentes grupos de AP/AR:
  - Modificando as perguntas autorreflexivas no fim dos módulos.
  - Determinando se o foco da AP/AR dos participantes deve ser no seu "*self* terapeuta" ou no "*self* pessoal".
  - Fornecendo treinamento adicional e apoio para que desenvolvam habilidades reflexivas.

PREPARAÇÃO PARA AP/AR

O sucesso ou fracasso de um programa de AP/AR é em grande parte determinado pela forma como o facilitador negocia com os participantes a fase preparatória de um programa de AP/AR. Nesta seção, identificamos duas estratégias principais, *preparando um prospecto do programa* e *realizando uma reunião do grupo pré-programa*, ambos os quais podem aumentar muito o potencial para o engajamento e a motivação dos participantes.

Preparando um prospecto do programa e realizando uma reunião pré-programa

Qualquer participante que venha para um programa de AP/AR vai querer saber com o que está se comprometendo, especialmente devido à natureza pessoal do material e ao fato de que isso vai acontecer no contexto de um grupo. Com planejamento adequado, a preparação de um prospecto do programa claramente articulado e a realização de uma reunião pré-programa podem contribuir muito para aliviar os medos e aumentar a motivação para o engajamento no programa.

O prospecto do programa deve abordar algumas das questões que naturalmente ocorrerão aos participantes relacionadas à segurança, à confidencialidade e à justificativa para o programa. O prospecto deve circular entre os participantes potenciais várias semanas antes da reunião pré-programa. A reunião pré-programa proporciona a oportunidade de abordar as preocupações, responder a perguntas e adequar o programa para atender às necessidades dos participantes. Os facilitadores devem estar o mais abertos possível para mudar elementos do procedimento a fim de garantir, em particular, que os participantes se sintam seguros. Deve ser reservado um tempo adequado para a reunião pré-programa; sugerimos pelo menos duas horas. Para alguns grupos, particularmente quando a AP/AR é uma exigência obrigatória do programa (p. ex., uma graduação universitária), uma segunda reunião pode ser necessária.

O prospecto e a reunião pré-programa devem (1) apresentar uma justificativa forte para AP/AR, (2) criar exigências claras e acordadas para o programa e (3) promover um sentimento de segurança em relação ao processo. Essas três questões são discutidas a seguir.

Apresentando uma justificativa forte para AP/AR

Uma preparação efetiva para um programa de AP/AR envolve necessariamente apresentar uma justificativa clara e motivadora para a realização do programa. O prospecto do programa de AP/AR deve defender a AP/AR de modo a criar motivação e uma expectativa de benefício. O prospecto pode incluir citações dos principais terapeutas da TCC, como Aaron T. Beck,[4] Judith S. Beck,[5,97] Cory F. Newman[12] e Christine A. Padesky,[1] e deve resumir os principais resultados de pesquisa. Entretanto, como sugerimos no Capítulo 3, também alertamos para que não sejam fornecidos detalhes específicos sobre as pesquisas para não criar vieses e expectativas que possam afetar a qualidade da experiência de AP/AR. Como alternativa para o prospecto do programa, os facilitadores podem sugerir que os participantes leiam os Capítulos 1 e 3 deste livro juntamente com as reflexões de participantes anteriores (p. ex., as citações no começo deste livro). Cada uma dessas estratégias deve ajudar a criar expectativas positivas e o reconhecimento do valor potencial da AP/AR.

Os testemunhos de pessoas que já passaram por programas de AP/AR podem ser particularmente poderosos –, ainda mais se os programas de AP/AR já foram realizados localmente e os participantes anteriores podem estar presentes na reunião pré-programa. Na reunião pré-programa, o facilitador (e os participantes anteriores) podem discutir as pesquisas em mais detalhes, quando necessário, incluindo o valor da AP/AR para a aquisição e o refinamento de habilidades,[16,17,22] a importância da prática reflexiva como "mecanismo de aprendizagem por toda a vida"[14] e a função integrativa da AP/AR.[16]

Criando exigências claras e acordadas para o programa

Os parâmetros da reunião pré-programa serão diferentes para diferentes grupos, dependendo de o programa de AP/AR estar sendo oferecido como um programa de desenvolvimento profissional independente ou de ele fazer parte de um programa formal de treinamento em TCC. Como indicamos previamente, como princípio geral, é útil ser o mais flexível possível na sua abordagem, pois grupos diferentes têm necessidades diferentes.

Você precisará criar acordos quanto a expectativas, compromissos e contribuições para o programa, questões de segurança e confidencialidade (estas serão abordadas na próxima seção) e, no caso de programas universitários, diretrizes claras para a avaliação. A reunião pré-programa precisa reservar tempo suficiente para que essas combinações sejam feitas de forma colaborativa.

Em relação a compromissos e contribuições: se as reflexões escritas após cada módulo fazem parte do processo, então quais são as exigências? Reflexões após cada módulo? Participação ativa no fórum de discussão? Momento e prazos para publicar as reflexões? Extensão e/ou qualidade das reflexões? O que acontece se "a vida tornar isso complicado"?

Outra questão é o tempo necessário para concluir cada módulo. Os facilitadores precisam destinar tempo suficiente para AP/AR. A combinação de AP, AR pessoal e decisão sobre quais partes da reflexão pessoal devem ser tornadas públicas (p. ex., em um fórum de discussão) geralmente leva entre 2 e 3 horas por módulo, às vezes mais. A AP/AR não deve ser vista como "um pequeno extra". É preciso que haja uma discussão realista sobre a distribuição de tempo para cada módulo. Obviamente, alocar uma semana por módulo significa que a AP/AR pode se encaixar bem na estrutura de um semestre. No entanto, nossa experiência sugere que algumas tarefas de AP – especialmente aquelas na Parte I de *Experimentando a terapia cognitivo-comportamental de dentro para fora* – podem ser implementadas mais efetivamente por um período de 2 a 3 semanas. Os facilitadores devem considerar quais aspectos do programa oferecer durante qual período de tempo. Em alguns contextos, este livro pode trazer mais benefícios quando aplicado por 24 semanas, ou dois semestres.

Se a AP/AR estiver incluída como parte de um programa de treinamento de TCC formalmente avaliado, alguns outros fatores precisam ser considerados. Por exemplo, faz sentido alinhar mais de perto o programa de AP/AR com o currículo do curso. Uma forma pedagógica e eficiente em termos de tempo para implementar a AP/AR é que os participantes façam a AP de uma técnica logo após essa técnica ter sido apresentada por meio de leitura e *workshops*. Por exemplo, o ensino da formulação na TCC durante os primeiros estágios de um programa pode conduzir o aprendiz suavemente até a aplicação das suas habilidades de formulação recentemente aprendidas à sua própria área problemática identificada. Combinar o conteúdo dessa maneira pode ajudar a criar as bases para a aprendizagem efetiva.

Outra questão para programas de TCC avaliados formalmente é que algum tipo de avaliação do componente de AP/AR pode ser exigido. Atualmente, as evidências referentes à avaliação de reflexões de AP/AR são limitadas. O valor de analisar a qualidade das reflexões para fins de avaliação é questionável e precisaria ser tratado com cuidado devido ao potencial para criar características de demanda acerca do conteúdo ou gerar maior ansiedade nos participantes. Nesse ponto, uma alternativa mais segura é utilizar um processo de avaliação baseado em outros produtos da AP/AR, como a quantidade de participação no fórum de discussão ou a quantidade de contribuições públicas da AP/AR.

Criando um sentimento de segurança em relação ao processo

Talvez o aspecto mais crucial da preparação para um programa de AP/AR seja a necessidade de aliviar os medos dos participantes e criar uma sensação de segurança em relação ao processo. A ideia de AP/AR pode provocar ansiedade considerável. Normalmente, os participantes têm duas preocupações principais: medo de exposição diante dos colegas participantes; e, em alguns casos, medo de perder o controle ao descobrir pensamentos ou sentimentos com os quais não conseguem lidar. Por exemplo, uma treinanda em TCC comentou que "não queria aprofundar muito porque você não tem alguém ali para juntar os pedaços se algo acontecer".

O fornecimento de um prospecto do programa que aborde o processo de AP/AR e a realização de uma reunião pré-programa são extremamente importantes para criar uma sensação de segurança em relação ao processo. Sem esses elementos, a participação no programa pode não suscitar muito interesse ou entusiasmo. A função mais importante da reunião pré-programa é a expressão plena das preocupações dos treinandos (perguntando algo como: "Que preocupações você tem sobre o processo a partir do que ouviu ou leu até agora?"); e, depois disso, fazer o acompanhamento estimulando ideias para abordar essas preocupações. Geralmente, os participantes apresentarão sugestões para abordar questões de confidencialidade e segurança, e o grupo chegará a um acordo acerca do anonimato e da confidencialidade. Esses acordos devem ser registrados e divulgados.

Como facilitador da reunião, você deve garantir que todos tenham a chance de expor suas preocupações e analisá-las. Também é importante ser flexível, pois alguns grupos podem querer estabelecer limites rígidos em relação ao anonimato, enquanto outros podem realmente preferir usar seus nomes reais em suas reflexões.

Um elemento crucial a ser enfatizado no prospecto do pré-programa e na própria reunião é a distinção entre *conteúdo* e *processo*, e entre *reflexão privada* e *reflexão pública*. Como refletiu um participante: "Preciso estar no controle do que estou expressando. Você sabe muito bem que depende totalmente de mim o que estou escrevendo e o que estou dizendo, por ter a oportunidade de escrever e revisar para ver se tudo está bem, se tudo está seguro". As reflexões privadas de AP/AR devem necessariamente focar no conteúdo experiencial pessoal ("Eu senti que... meu corpo... minhas imagens, meus pensamentos eram... minha reação, e então meu comportamento...!"). No entanto, as reflexões públicas no fórum de discussão devem focar no processo, não no conteúdo (p. ex., "Achei muito mais difícil preparar um experimento comportamental do que havia imaginado. Percebi que fiquei ansioso, o que pareceu interferir na minha capacidade de pensar como eu poderia testar melhor minha suposição negativa"). Tornar clara a distinção entre conteúdo e processo pode aliviar os medos sobre expectativas e exposição.

Os participantes na reunião pré-programa podem relutar em expor suas preocupações quanto a perder o controle na frente dos seus pares, portanto, muitas vezes, é apropriado que o facilitador faça isso. Como facilitador, você pode dizer algo como: "É comum que os participantes sintam desconforto em vários momentos em um programa de AP/AR. Isso é normal, e geralmente bem tolerável. No entanto, às vezes uma questão pode pegar os participantes de surpresa e inesperadamente despertar emoções e angústias intensas. Embora seja raro, pode ocorrer, portanto, todos no programa devem ter uma estratégia de salvaguarda pessoal,[3,16] uma série de passos graduais para obter apoio das outras pessoas no caso de angústia grave" (veja o Capítulo 3, página 22, para um exemplo de uma estratégia de salvaguarda pessoal). Na reunião, também é importante enfatizar novamente que, para o programa de AP/AR, os treinandos devem escolher um problema que esteja em um nível de intensidade emocional moderado a alto, *mas* que provavelmente não seja excessivo ou cause angústia maior (veja o Capítulo 3 para mais orientações sobre a escolha do problema desafiador).

A opção de manter o anonimato ou de usar o próprio nome nas reflexões deve ser decidida pelos membros do grupo, e deve ser uma decisão grupal. Alguns grupos optam por permanecer anônimos. No entanto, nas ocasiões em que os grupos optaram por usar os próprios nomes, os participantes relataram o benefício adicional de que a experiência parece ser mais próxima da experiência do cliente em termos de vulnerabilidade e autoexposição. Como observou um participante: "Tenho tendência a esconder as minhas inseguranças, mas curiosamente ninguém parece ter recuado horrorizado até o momento. Isso definitivamente destaca para mim o quão difícil deve ser para os clientes fazerem isso, e nem estamos compartilhando o conteúdo!".

Por fim, a reunião deve abordar seu próprio papel como facilitador e a sua relação com o grupo. Como você vai atuar no papel de moderador do fórum? Você vai contribuir para o fórum de discussão e, em caso afirmativo, como? Você tem uma relação dual com o grupo (p. ex., como facilitador e assessor do programa)? Isso pode interferir no processo grupal? Como isso poderia ser abordado? A discussão aberta e as combinações em relação a essas e outras questões relevantes irão aumentar a confiança dos participantes no processo e provavelmente melhorar a qualidade das contribuições.

> **PREPARAÇÃO PARA AP/AR**
>
> - O prospecto do programa de AP/AR e a reunião pré-programa são estratégias para melhorar o engajamento e a motivação do participante para AP/AR.
> - O prospecto e a reunião pré-programa devem (1) fornecer uma justificativa forte para AP/AR, (2) criar exigências para o programa que sejam claras e combinadas e (3) promover um sentimento de segurança em relação ao processo.
> - Uma justificativa forte para AP/AR pode ser criada por meio das visões dos principais especialistas em TCC, dos achados de pesquisa em AP/AR e das experiências positivas de participantes anteriores.
> - Seja claro quanto às exigências do programa (p. ex., nível de contribuição, prazos, forma das reflexões, tempo para concluir os módulos, avaliações) e colabore para negociar as combinações.
> - Traga à tona todas as preocupações em relação ao medo de exposição e obtenha sugestões para abordar essas preocupações. Chegue a acordos sobre a confidencialidade e a segurança.
> - Deixe claras as distinções entre conteúdo e processo, e entre reflexões privadas e públicas.
> - Levante a questão do "medo de perder o controle" se ninguém no grupo o fizer.
> - Peça que os participantes confirmem se desenvolveram uma estratégia de salvaguarda pessoal.
> - Enfatize que os participantes da AP/AR devem escolher um problema desafiador de intensidade emocional leve a moderada (não maior), e definitivamente nenhum problema que possa causar sofrimento maior.
> - Trate de questões sobre seu próprio papel como facilitador, incluindo o potencial para relações duais.

LUBRIFICANDO A ENGRENAGEM DO PROGRAMA DE AP/AR

Criando um processo grupal apoiador e enriquecedor

Os grupos de AP/AR são comunidades de aprendizagem. Para muitos treinandos em AP/AR, o grupo está entre os aspectos mais enriquecedores do programa.[2,17,19] Os grupos de AP/AR geralmente se reúnem em dois contextos: fóruns de discussão *on-line* e, às vezes, encontros presenciais em grupo. Quando os grupos funcionam bem, o diálogo pode fluir e o processo é enriquecedor. O benefício de fazer parte de um grupo que faz AP/AR (em comparação com AP/AR por conta própria) é que os participantes são frequentemente estimulados pelas reflexões dos outros a refletirem mais sobre sua própria experiência e suas implicações para a terapia. Sua experiência é normalizada quando eles veem que seus colegas são propensos ao mesmo tipo de reações emocionais e dificuldades similares na implementação de estratégias da TCC. Eles começam a reconhecer não apenas as semelhanças, mas também as diferenças em relação à experiência de outros membros do grupo, o que pode levar a uma compreensão mais diversificada de que a TCC não é uma abordagem do tipo "tamanho único".

A AP/AR baseada no grupo também proporciona oportunidade para modelagem – por exemplo, os treinandos podem compreender melhor como refletir ao lerem as reflexões de seus colegas.[19] O grupo também pode fornecer apoio durante os módulos que são pessoalmente mais difíceis para alguns participantes. O *feedback* sugeriu que esse apoio pode desempenhar um papel crucial em indivíduos que concluem um programa de AP/AR; durante módulos pessoalmente difíceis, o senso de coesão e comunidade pode encorajar os participantes a permanecerem no processo ou a buscarem o apoio de um colega participante.

Conforme indicado anteriormente, a reunião pré-programa é uma peça vital no estabelecimento da segurança do grupo. É fundamental que o grupo tome e assuma as decisões principais acerca do processo e da segurança. A reunião deve chegar a acordos claros sobre confidencialidade, conteúdo das publicações, anonimato, estratégias de salvaguarda pessoal e uma compreensão do(s) papel(éis) do facilitador. Como mencionado anteriormente, há duas formas pelas quais os grupos costumam se encontrar: *on-line*, por meio da publicação de reflexões e da discussão em grupo; e, em alguns grupos, de forma presencial. O grupo deve determinar quando e como se encontrar – apenas *on-line* ou também presencialmente?

Alguns participantes estão mais acostumados a fóruns de discussão *on-line* do que outros, e as instruções para acesso devem ser claras. É importante demonstrar o uso do fórum na reunião pré-programa e oferecer *coaching* de acordo com a necessidade. Exemplos de fóruns de discussão prévios podem ser úteis, e o valor do diálogo é enfatizado. É preferível usar um fórum de discussão que possa ser acessado do trabalho ou de casa, em um computador ou um telefone/*tablet*. O fórum também deve ser organizado de forma a enviar novas publicações aos *e-mails* dos participantes para incentivá-los a se conectarem e responderem.

Além das reuniões pré-programa iniciais, os facilitadores de AP/AR precisam "lubrificar a engrenagem" encorajando, apoiando e valorizando a participação, e respondendo a perguntas e comentários em tempo hábil. Eles devem ficar de olhos abertos para quaisquer questões pessoais ou grupais que possam estar inibindo os participantes e resolver os problemas que surgirem. Além disso, eles também precisam estabelecer um equilíbrio entre, por um lado, "estar presente", talvez acrescentando comentários ou perguntas, quando apropriado, e, por outro lado, permanecendo suficientemente em segundo plano para que o grupo seja empoderado a fim de assumir o comando na aprendizagem uns dos outros.

As reuniões presenciais do grupo podem se somar aos benefícios dos fóruns, permitindo uma discussão mais aprofundada sobre experiências ou técnicas específicas.[3] Elas podem acontecer regularmente, quando a experiência de AP/AR está intimamente integrada a um programa de TCC existente. Em programas de AP/AR independentes, as reuniões de grupo podem acontecer 2 a 4 vezes durante os 12 módulos. Nossa experiência é que as reuniões do grupo ajudam ainda mais a "lubrificar a engrenagem". No entanto, elas nem sempre são práticas se os participantes não morarem próximos uns dos outros, e às vezes não são desejadas pelo grupo, mesmo que seus membros sejam da mesma região ou trabalhem na mesma organização. Por exemplo, descobrimos que alguns colegas de profissão que trabalham na mesma cidade podem se sentir à vontade para publicar reflexões anônimas *on-line*, mas relutam em discutir suas reflexões presencialmente. Como acontece com outros aspectos do programa, toda decisão de encontros presenciais deve ser endossada pelo grupo.

A facilitação dos grupos presenciais e a facilitação dos fóruns de discussão *on-line* envolvem conjuntos de habilidades por si só, muito além do escopo deste capítulo para serem discutidos em detalhes. Se os facilitadores prospectivos de AP/AR precisam desenvolver essas habilidades, eles devem buscar recursos especializados e programas de treinamento.

> **CRIANDO UM PROCESSO GRUPAL APOIADOR E ENRIQUECEDOR**
> - O grupo deve determinar quando e como se encontrar – apenas *on-line* ou também presencialmente.
> - O grupo deve tomar e assumir as próprias decisões em relação ao processo e à segurança.
> - O fórum de discussão *on-line* precisa estar facilmente acessível e ser simples para os usuários, com *coaching* oferecido quando necessário.
> - "Lubrificar a engrenagem" encorajando, apoiando e valorizando a participação.
> - Monitorar atentamente o processo grupal e resolver os problemas quando necessário.
> - Acessar treinamento e recursos especializados se precisar aprimorar suas habilidades na facilitação dos fóruns de discussão *on-line* e nos grupos presenciais.

Cuidando dos participantes

Nossa pesquisa sugere que a vantagem da AP/AR é que os *insights* podem ser recompensadores e estimulantes; no entanto, também há uma parte negativa em que a AP/AR faz exigências consideravelmente mais emocionais do participante do que os programas de treinamento de TCC convencionais.[3,18,23] Eventos de vida estressantes concomitantes podem representar um grande custo para a quantidade de recursos pessoais disponíveis para destinar à AP/AR.[2] Para alguns participantes (p. ex., estudantes universitários), muitas vezes, uma abordagem "direta de evitação da emoção" para realizar o trabalho é a estratégia de enfrentamento mais utilizada. Entretanto, o engajamento efetivo em AP/AR requer engajamento com a emoção, o que entra em conflito com uma abordagem "direta de evitação da emoção" e pode produzir engajamento superficial. A falta de apoio social também pode levar os participantes a se desvincularem da AP/AR e, às vezes, a desistirem do programa.

Os facilitadores dos programas de AP/AR têm o dever de cuidar. Eles devem ficar atentos para ver se algum participante parece estar com dificuldades. Na reunião pré-programa, é importante estabelecer procedimentos que possibilitem que o facilitador entre em contato com os participantes para ver se eles estão bem, ou para que os participantes informem o facilitador de que nem tudo está bem como parte da sua estratégia de salvaguarda pessoal. Os facilitadores precisam ser "permissivos". Há momentos em que pode ser inapropriado fazer AP/AR, ou pode ser necessário que seja realizado de forma reduzida. Você pode querer discutir como seria uma "forma reduzida" na reunião pré-programa. Uma opção predefinida pode ser refletir sobre o valor do autocuidado em momentos de estresse, ou "se desligar" por 1 ou 2 módulos. Se o desengajamento persistir, você deve entrar em contato com o participante para determinar suas necessidades e discutir as opções com ele.

No contexto de um programa de treinamento formal, também pode ser apropriado ter um caminho alternativo (p. ex., atrasar a AP/AR ou refletir sobre um módulo alternativo), se for considerado que AP/AR é contraindicada nessa etapa. Para os participantes que têm a opção de escolher o ritmo do seu programa, enfatize as demandas emocionais e de tempo de AP/AR, além dos benefícios óbvios antes de sua decisão final, e, então, peça que considerem se este é o momento certo.

> **CUIDANDO DOS PARTICIPANTES**
>
> - Os facilitadores têm o dever de cuidar dos participantes; eles devem manter um olhar atento e assegurar que os participantes tenham estratégias de salvaguarda pessoal.
> - Como facilitador, seja flexível e "permissivo" se os participantes não forem capazes de participar plenamente em alguns estágios do processo.
> - Para programas formais (p. ex., aqueles que são baseados na universidade), considere se pode haver caminhos alternativos no caso de não ser o momento certo para fazer AP/AR.
> - Se os participantes puderem escolher o ritmo do seu programa, indique as exigências de tempo e emocionais para que eles possam fazer uma escolha informada sobre quando começar.

COMENTÁRIOS FINAIS

Temos certeza de que, se você seguir os passos apresentados neste capítulo, a AP/AR acrescentará uma dimensão nova e gratificante ao seu desenvolvimento profissional e ensino, o que trará um retorno muito grande em termos do *feedback* que você recebe dos participantes. No entanto, o papel do facilitador de AP/AR difere em vários aspectos do papel do treinador de TCC convencional. Alguns treinadores de TCC podem não se sentir totalmente confortáveis, no início, ao assumirem o papel de facilitador de AP/AR. Isso é compreensível.

Se você tem essas preocupações, sugerimos que considere o que precisa para dar o passo inicial: mais informações sobre programas de treinamento em AP/AR? Mais materiais? Mais habilidades de facilitação? Maior exposição à pesquisa em AP/AR? Sua própria experiência pessoal de fazer parte de um programa de AP/AR? Depois de adquirir os recursos necessários, verifique se você está pronto para planejar e iniciar um programa. Se você achar que ainda tem alguns pensamentos automáticos negativos e suposições inúteis sobre a execução de um programa de AP/AR, isso pode motivá-lo para um experimento comportamental ou um plano de ação adicional.

Por fim, sugerimos que facilitar grupos de sucesso em AP/AR é uma habilidade que vale a pena desenvolver, tanto para você quanto para seus treinandos. Muitas vezes, os participantes experimentam repetidos "*insights* com a ficha caindo" e momentos "reveladores". Isso é empolgante e gratificante tanto para os participantes quanto para os facilitadores. Além disso, não são apenas os participantes que experimentam um sentimento mais profundo de conhecer a TCC. Em nossos papéis como facilitadores, tivemos o privilégio de testemunhar as reflexões dos participantes. Por sua vez, isso ajudou a aprofundar nossa própria compreensão do processo terapêutico e enriqueceu nossas habilidades como terapeutas, supervisores e treinadores.

PARTE I
Identificando e entendendo *(antigas) formas de ser inúteis*

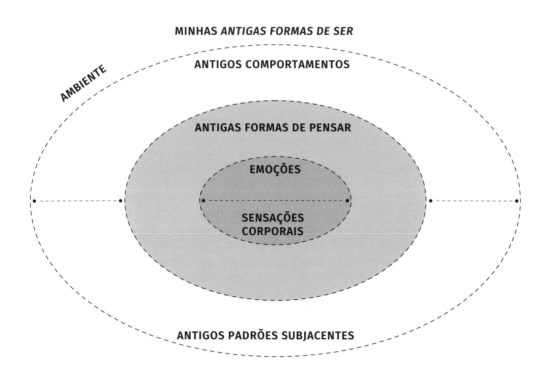

Módulo 1
Identificando um problema desafiador

Completar este módulo me fez tomar consciência de como eu talvez passe os olhos pelos "resultados das medidas", vendo-os algumas vezes como uma "inconveniência" para aqueles indivíduos que querem contar a sua história e iniciar o tratamento... Minhas discussões sobre as medidas mudaram...
  _ Participante de AP/AR

Agora você está quase pronto para dar início ao seu programa de autoprática/autorreflexão (AP/AR). Antes disso, você pode querer refrescar sua memória sobre os três terapeutas que apresentamos, Shelly, Jayashri e David, revisitando suas biografias no final do Capítulo 3. Usaremos suas experiências durante os módulos para ilustrar os exercícios de AP/AR. Você também deve se lembrar de estabelecer uma estratégia de salvaguarda pessoal (ver Capítulo 3, página 22) antes de iniciar o programa, para o caso de inesperadamente ficar angustiado em algum momento à medida que avança na leitura do livro.

Este livro de AP/AR inicia de uma maneira típica da terapia cognitivo-comportamental (TCC), estabelecendo algumas medidas de referência para que você possa acompanhar seu progresso. Isso significa criar uma medida inicial do seu estado emocional, identificar seu "problema desafiador" e desenvolver uma medida idiossincrásica específica para esse propósito com a qual você possa monitorar seu progresso enquanto trabalha neste livro.

EXERCÍCIO. Minhas medidas de referência: PHQ-9 e GAD-7*

A primeira tarefa é estabelecer algumas medidas de referência objetivas para acompanhar seu progresso enquanto se envolve com a leitura deste livro. Para isso, sugerimos que você complete, calcule o escore e interprete duas medidas breves de depressão e ansiedade comumente usadas: o Questionário de Saúde do Paciente-9 (PHQ-9) e a escala de sete itens do Transtorno de Ansiedade Generalizada (GAD-7). Essas medidas são incluídas para oferecer uma referência pessoal e também para proporcionar uma experiência semelhante à dos clientes, quando avaliados pela primeira vez. Se você tiver um problema específico que gostaria de abordar, como raiva, baixa autoestima ou falta de autocompaixão, sinta-se à

---

* N. de R. T. Também é possível utilizar a versão brasileira da DASS-21, que mede depressão, ansiedade e estresse.

vontade para escolher a sua própria medida de referência (veja as notas do Módulo 1 na seção Notas do Módulo, na página 256). Você pode pesquisar na internet* para ver se encontra uma escala validada existente para seu problema ou emoção particular (p. ex., preocupação, raiva, autocompaixão, dificuldade de tolerar a incerteza, perfeccionismo).

Primeiramente, complete o PHQ-9, uma escala padronizada de humor deprimido e depressão: você pode calcular sua pontuação total no PHQ-9 somando cada item.

PHQ-9: PRÉ-AP/AR

Durante as duas últimas semanas, com que frequência você se incomodou com os seguintes problemas?	Nenhuma vez	Vários dias	Mais da metade dos dias	Quase todos os dias
1. Pouco interesse ou pouco prazer em fazer as coisas	0	1	2	3
2. Se sentir "para baixo", deprimido(a) ou sem perspectiva	0	1	2	3
3. Dificuldade para pegar no sono ou permanecer dormindo, ou dormir mais do que de costume	0	1	2	3
4. Se sentir cansado(a) ou com pouca energia	0	1	2	3
5. Falta de apetite ou comer demais	0	1	2	3
6. Se sentir mal consigo mesmo(a) – ou achar que você é um fracasso ou que decepcionou você mesmo(a) ou sua família	0	1	2	3
7. Dificuldade para se concentrar nas coisas, como ler o jornal ou assistir televisão	0	1	2	3
8. Lentidão para se movimentar ou falar, a ponto de as outras pessoas perceberem – ou o oposto: é tão agitado(a) ou inquieto(a) que fica andando de um lado para outro muito mais do que de costume	0	1	2	3
9. Pensar em se ferir de alguma maneira ou que seria melhor estar morto(a)	0	1	2	3

Copyright Pfizer, Inc. Reproduzido em *Experimentando a terapia cognitivo-comportamental de dentro para fora: um manual de autoprática/autorreflexão para terapeutas*, James Bennett-Levy, Richard Thwaites, Beverly Haarhoff e Helen Perry (The Guilford Press, 2015). Este formulário é gratuito para reprodução e uso. Aqueles que adquirirem este livro podem fazer o *download* de cópias adicionais deste material na página do livro em loja.grupoa.com.br.

---

* N. de R. T. Podem ser consultadas fontes de referência acadêmica, como, por exemplo, Periódicos Eletrônicos em Psicologia (PePSIC) ou SciELO Brasil.

> 0-4: Sem indicação de depressão
> 5-9: Indicativo de depressão leve
> 10-14: Indicativo de depressão moderada
> 15-19: Indicativo de depressão moderadamente grave
> 20-27: Indicativo de depressão grave
> Minha pontuação: _____

Se você se classificou como estando na faixa de moderadamente grave a gravemente deprimido, aconselhamos que considere discutir seu humor deprimido com seu supervisor, um amigo, seu médico ou seu terapeuta, caso atualmente esteja fazendo terapia. Como dissemos no Capítulo 3, talvez você precise decidir se este é o momento adequado para se envolver em AP/AR. É importante que você cuide de si mesmo.

Agora reserve alguns minutos e complete o GAD-7, uma medida geral da ansiedade. Você pode calcular sua pontuação total no GAD-7 somando cada item.

GAD-7: PRÉ-AP/AR

Durante as duas últimas semanas, com que frequência você se incomodou com os seguintes problemas?	Nenhuma vez	Vários dias	Mais da metade dos dias	Quase todos os dias
1. Sentir-se nervoso(a), ansioso(a) ou muito tenso(a)	0	1	2	3
2. Não ser capaz de impedir ou controlar as preocupações	0	1	2	3
3. Preocupar-se muito com diversas coisas	0	1	2	3
4. Dificuldade para relaxar	0	1	2	3
5. Ficar tão agitado(a) que se torna difícil permanecer sentado(a)	0	1	2	3
6. Ficar facilmente aborrecido(a) ou irritado(a)	0	1	2	3
7. Sentir medo como se algo horrível fosse acontecer	0	1	2	3

Copyright Pfizer, Inc. Reproduzido em *Experimentando a terapia cognitivo-comportamental de dentro para fora: um manual de autoprática/autorreflexão para terapeutas*, James Bennett-Levy, Richard Thwaites, Beverly Haarhoff e Helen Perry (The Guilford Press, 2015). Este formulário é gratuito para reprodução e uso. Aqueles que adquirirem este livro podem fazer o *download* de cópias adicionais deste material na página do livro em loja.grupoa.com.br.

0-4:	Sem indicação de ansiedade
5-9:	Indicativo de ansiedade leve
10-14:	Indicativo de ansiedade moderada
15-21:	Indicativo de ansiedade grave
	Minha pontuação: _____

 **EXERCÍCIO.** Identificando meu problema desafiador para o programa de AP/AR

É comum, como terapeuta, você se sentir inseguro ou com dúvidas enquanto experimenta novas habilidades e aplica o novo conhecimento (com variados graus de sucesso). Reações emocionais perturbadoras podem ocorrer em muitos contextos diferentes no seu trabalho. Alguns exemplos podem ser: com um cliente específico, na supervisão ou quando você interage com pares ou colegas.

Neste exercício, você irá explorar a sua experiência como terapeuta ou na sua vida pessoal a fim de identificar um problema desafiador no qual trabalhar durante o programa de AP/AR. Sugerimos o seguinte:

1. Encontre um local tranquilo para fazer este exercício.
2. Traga à mente algumas das emoções e pensamentos sobre você mesmo como terapeuta que o preocupam ou aborrecem – ou sobre você mesmo como pessoa, caso tenha decidido focar sua AP/AR no seu "*self* pessoal". (Veja o Capítulo 3 para orientações sobre a escolha de um "problema do terapeuta" ou "problema pessoal".) Todos temos nossos gatilhos. Você consegue identificar situações em que acha que sua reação emocional é, ou foi, particularmente intensa ou destoante? Todos nós podemos nos deparar com problemas repetidos em nosso trabalho ou nos encontrarmos presos a formas inúteis de fazer as coisas ou de nos comportarmos em relação a nós mesmos ou aos outros.

Se você está focando seu programa de AP/AR no seu "*self* terapeuta", pense em situações específicas em que se flagrou se preocupando ou ruminando sobre seu trabalho, ou se sentindo perturbado antes, durante ou depois de sessões de terapia, palestras ou supervisão. Você pode ficar chateado quando os clientes repentinamente cancelam consultas ou não chegam para as sessões. Determinados clientes podem desafiá-lo, por exemplo, aqueles com múltiplos problemas sociais ou no seu estilo de vida ou com um conjunto de valores que entram em conflito com os seus. Você pode achar que trabalhar com certos grupos etários o deixa ansioso, ou pode atender clientes que refletem alguns dos seus problemas passados ou presentes, como luto ou divórcio.

Você pode temer (ou mesmo evitar) a supervisão ou apresentações de caso, questionando-se como está se saindo em comparação com os outros, examinando o que acha que os outros pensam de você, ruminando sobre comentários que foram feitos ou tentando imaginar o que seu supervisor acha do seu trabalho como terapeuta. Nessas situações, você pode, por exemplo, se sentir ansioso, preocupado, chateado, inseguro, frustrado, com raiva (emoções) ou pode ficar tenso e choroso (sensações corporais), se perguntando como as coisas vão ficar, se sentindo analisado ou criticado pelos outros, ou imaginando o que eles podem estar pensando, ou talvez sendo autocrítico ou duvidando de si mesmo (pensamentos), e pode evitar certos tipos de encaminhamentos ou reagir estranhamente (comportamentos).

 EXEMPLO: problema desafiador de Jayashri

> Jayashri identificou que tinha uma tendência a evitar abordar a emoção dos clientes em suas sessões de terapia, e isso estava limitando sua eficácia como profissional. Essa tendência também exacerbava seu lado autocrítico e isso fazia com que se sentisse muito ansiosa e "para baixo".

Tudo o que foi dito pode ser experimentado no trabalho. No entanto, você pode estar experimentando reações emocionais intensas em outros contextos não relacionados ao trabalho. Se esse for o caso, você pode preferir usar os exercícios de AP/AR para abordar um "problema pessoal" em vez de um "problema do terapeuta". Você pode usar o mesmo processo descrito anteriormente.

 EXEMPLO: problema desafiador de David

> David se deu conta de que se sentia muito ansioso quando se preparava para a supervisão. Ele também se sentia ansioso quando pensava em participar da festa de Natal do escritório de sua companheira Karen. Seus pensamentos sobre cada uma dessas situações focavam na ideia de que as outras pessoas poderiam julgá-lo como não estando à altura. Ele concluiu que sua ansiedade em situações sociais era mais problemática e, portanto, decidiu focar no pessoal em vez de no profissional.

3. No quadro a seguir, liste quaisquer problemas ou situações desafiadoras que ocorreram com você enquanto lia a seção anterior.

PROBLEMAS OU SITUAÇÕES DESAFIADORAS

4. Observando as situações que você identificou, pergunte-se em qual problema desafiador específico gostaria de focar enquanto trabalha com este livro. Essa deve ser uma situação que lhe cause um nível de emoção moderado a alto, por exemplo, *ansiedade, frustração, raiva* ou *angústia* (uma intensidade classificada entre 50 e 80% seria o ideal). Provavelmente seria uma boa ideia escolher uma das suas áreas mais desafiadoras ou problemáticas. Também ajuda se essa área problemática ocorrer em algumas situações. No entanto, há algumas exceções. Recomendamos fortemente que você não escolha um problema relacionado a uma situação aguda, como um luto significativo, um problema de relacionamento ou qualquer coisa relacionada a traumas na infância. Você também não deve escolher um problema que lhe cause sofrimento significativo se ele não for possível de resolver até o fim do programa.
5. Finalize seu problema desafiador e descreva-o no quadro a seguir. Pode ser uma descrição simples – por exemplo, David escreveu: "Me sinto ansioso em situações sociais".

MEU PROBLEMA DESAFIADOR

DESENVOLVENDO UMA MEDIDA PERSONALIZADA: ESCALA VISUAL ANALÓGICA

O próximo passo é desenvolver e ajustar uma escala visual analógica (EVA) como sua medida pessoal idiossincrásica. Uma EVA funciona como uma régua ou fita métrica, e atribui um número ou avaliação a algo mensurável, geralmente o grau em que uma emoção problemática identificada, como tristeza ou raiva, é experienciada. Usar uma EVA repetidamente ao longo do tempo é uma forma fácil de monitorar a flutuação e a mudança. Quando estabelecemos uma EVA, a tornamos unidirecional, uma vez que ela mede a quantidade de alguma coisa, por exemplo, tristeza, em que 0% é nenhuma tristeza e 100% representa a maior tristeza já experienciada. Quando a EVA é apresentada pela primeira vez, o cliente pode ser solicitado a fazer três avaliações diferentes para a emoção problemática visada. Primeiro, ele seria solicitado a descrever uma situação em que a emoção foi experienciada em seu pior grau. Esta passa a ser uma avaliação de 100%. O próximo passo seria obter um exemplo de uma experiência 50% da emoção identificada e, finalmente, quando a emoção problemática está ausente, 0%. Esse processo possibilita que o cliente perceba a forma como os estados emocionais podem flutuar em termos de contexto. Isso também cria pontos de ancoragem para ajudar o cliente a perceber ou identificar sua emoção em termos relativos, incentivando uma avaliação mais precisa.

 EXEMPLO: escala visual analógica de David

David, depois de identificar seu problema desafiador como ansiedade em situações sociais, criou sua EVA da seguinte maneira. Ele lembrou do seu nível mais alto de ansiedade, que classificou como 100%, experimentado quando teve de fazer um discurso como padrinho no casamento de um grande amigo. Ao pensar sobre seu problema no início dos exercícios de AP/AR, ele classificou seu nível médio de ansiedade em situações sociais como aproximadamente 65% e percebeu que não experimentava ansiedade quando ouvia música à noite.

Problema desafiador de David: *ansiedade em situações sociais*

Descrição de 0%	Descrição de 50%	Descrição de 100%
Sem ansiedade. Sinto que tudo está sob controle e estou completamente relaxado na mente e no corpo.	*Um pouco ansioso. Sinto alguma tensão em meu corpo: meus ombros estão tensos e me sinto um pouco enjoado. Geralmente me sinto assim com pequenos grupos de pessoas (no trabalho, em casa) que conheço bem. É pior com pessoas que não conheço tão bem.*	*Altamente ansioso. Sem ideia do que estou fazendo. Estou sobrecarregado, desajeitado, balbuciando, sem ideia de para onde estou indo. Meu corpo todo está tenso e mal consigo pensar direito. Me tirem daqui!*

Como você vê no exemplo anterior, a EVA varia de 0 a 100%. No exemplo, David gerou descrições verbais extremas em 0 e 100% para definir pontos de ancoragem na sua escala. Ele também gerou uma descrição para uma experiência de 50% de ansiedade em situações sociais. Isso o ajudará a classificar seus níveis de ansiedade ao longo do tempo e observar qualquer flutuação ou mudança.

EXERCÍCIO. Minha escala visual analógica

Agora é a sua vez de criar sua EVA. Descreva seu problema desafiador e depois complete a EVA para seu problema, como David fez para a dele no exemplo anterior.

MINHA ESCALA VISUAL ANALÓGICA

Meu problema desafiador:

0%	50%	100%
Ausente	Moderado	Mais severo
Descrição de 0%	Descrição de 50%	Descrição de 100%

Reproduzido de *Experimentando a terapia cognitivo-comportamental de dentro para fora: um manual de autoprática/ autorreflexão para terapeutas*, James Bennett-Levy, Richard Thwaites, Beverly Haarhoff e Helen Perry. Copyright 2015, The Guilford Press. A permissão para reprodução deste formulário é concedida aos compradores deste livro somente para uso pessoal. Os compradores podem fazer o *download* deste material na página do livro em loja.grupoa.com.br.

 PERGUNTAS AUTORREFLEXIVAS

Agora que você concluiu todos os exercícios de autoprática no Módulo 1, é hora de refletir sobre a experiência. Antes de iniciar, você pode lembrar das dicas de "Construindo sua capacidade reflexiva" no Capítulo 3 (página 22).

Qual é a sua reação imediata ao fazer os exercícios de AP? Foi fácil, difícil ou desconfortável pensar sobre si mesmo dessa forma? Você experimentou alguma emoção, sensação corporal ou pensamento específico enquanto estava fazendo os exercícios?

_____
_____
_____
_____
_____
_____
_____
_____
_____
_____
_____
_____
_____

O que mais se destacou para você ao considerar sua reação aos primeiros estágios dos exercícios, isto é, ao identificar uma área problemática na sua vida e organizar maneiras de medir seu progresso na exploração e enfrentamento disso?

_____
_____
_____
_____
_____
_____
_____
_____
_____
_____
_____
_____

Depois de avaliar seus níveis de emoção e definir seu problema, quais são seus pensamentos sobre os primeiros estágios de medida e exploração dos problemas atuais de um cliente? Sua experiência "de dentro para fora" mudou a forma como você pode fazer isso com seus clientes? Se esse for o caso, como você fará as coisas de forma diferente?

Há mais alguma coisa que você notou sobre a qual gostaria de refletir durante a próxima semana?

Módulo 2
Formulando o problema e preparando-se para a mudança

Refletir sobre os pontos fortes foi difícil no início, eu parecia ser meu pior crítico; no entanto, depois que os identifiquei, outros se tornaram mais fáceis quando comecei a me sentir melhor comigo mesmo. Isso me deu uma espécie de estímulo mental e fez com que meus problemas não parecessem tão problemáticos.
_ Participante de autoprática/autorreflexão (AP/AR)

O objetivo do Módulo 2 é ajudá-lo a saber mais sobre seu problema desafiador e identificar como você gostaria que esse problema mudasse. Você irá desenvolver uma formulação situacional do problema, usando uma situação específica recente que lhe causou alguma dificuldade. A formulação situacional usa o modelo clássico de cinco partes desenvolvido por Christine Padesky e Kathleen Mooney: pensamentos, comportamento, emoção e sensações corporais no contexto do ambiente. Embora esse tipo de formulação possa ser familiar para você, muitas vezes é surpreendente o que surge quando você foca em uma situação específica e identifica os pensamentos e as emoções que teve naquele momento. Muitas vezes, formular o problema pode nos ajudar a entender o que o motiva e por que ele continua recorrente. Além da formulação situacional inicial, a terapia cognitivo-comportamental (TCC) se amplia para o que pode ser um território menos familiar. Primeiro, você irá examinar como sua origem e cultura podem impactar seu problema desafiador. Depois, você irá desenvolver uma "declaração do problema" para esclarecer a natureza precisa da dificuldade e fornecer um resumo convincente. Os objetivos da formulação e da declaração do problema são aprofundar sua compreensão das suas *(Antigas) Formas de Ser Inúteis*.

Na segunda metade do módulo, você dará alguns passos iniciais em direção ao desenvolvimento de suas *Novas Formas de Ser*. Depois de identificar alguns dos seus pontos fortes, você irá desenvolver uma formulação alternativa baseada nos pontos fortes, em que identifica como abordaria uma situação desafiadora a partir de uma posição dos pontos fortes. Os últimos exercícios são para definição de metas, analisando os objetivos, obstáculos e estratégias. A abordagem não pode ser muito familiar no sentido de que incentivamos você a usar a imaginação para definir suas metas para o programa.

O Módulo 2 é o que demanda mais tempo entre os primeiros 6 módulos (sugerimos 2 a 3 horas). Você pode querer destinar 2 ou 3 sessões para concluí-lo.

FORMULAÇÃO DESCRITIVA: O MODELO DE CINCO PARTES

Conforme descrito anteriormente, na TCC, uma das formas de pensar sobre situações problemáticas é analisar atentamente os diferentes aspectos de um problema em termos de cinco áreas interativas. O modelo de cinco partes, ilustrado a seguir, é representado como um diagrama para destacar a maneira como os componentes interagem entre si para perpetuar um ciclo problemático. O círculo maior representa o "ambiente", e os pequenos círculos que se conectam identificam pensamentos, emoções, comportamentos e sensações corporais experienciados na situação.

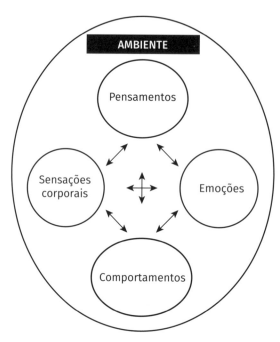

O modelo de cinco partes.

Copyright 1986, Center for Cognitive Therapy; *www.padesky.com*. Reproduzido com permissão.

O "ambiente" inclui a situação desencadeante imediata, juntamente com uma consideração de outros elementos de fundo, como o desenvolvimento e a vida social da pessoa, constituição genética, perspectiva espiritual/religiosa e herança cultural. As setas de duas pontas entre os elementos indicam a natureza interativa do modelo. Neste módulo, focamos principalmente no aqui e agora, mas tenha em mente que uma exploração mais detalhada dos fatores em segundo plano pode ser importante na TCC para nos proporcionar uma compreensão mais profunda do problema e das suas origens.

O MODELO DE CINCO PARTES RESUMIDO

1. **O ambiente:** neste contexto, o ambiente se refere a dois elementos:
   a. A situação desencadeante imediata que provoca uma reação emocional desagradável. Pergunte-se: "Quem estava lá?"; "Onde aconteceu?"; "O que aconteceu?". O gatilho também pode ser um pensamento, uma imagem, uma sensação corporal ou um estímulo sensorial, como um ruído ou odor. É importante ser *específico* na escolha de uma situação.
   b. As influências de fundo passadas ou presentes, como história, constituição genética, religião, perspectiva espiritual e cultura. Vamos explorar melhor a influência da cultura na próxima seção.

2. **Pensamentos (cognições):** neste contexto, são pensamentos, imagens ou memórias que surgem na sua mente em relação à situação (pensamentos automáticos). Como veremos nos Módulos 4 e 5, se os pensamentos vierem na forma de perguntas, você achará mais útil transformá-los em uma afirmação para poder testá-los (p. ex., transforme "E se eu não conseguir lidar com meu novo emprego?" em "Não vou conseguir lidar com meu novo emprego"; transforme "E se eu tiver um ataque cardíaco e morrer?" em "Acho que vou ter um ataque cardíaco e morrer").

3. **Emoções:** frequentemente, as emoções são expressas com apenas uma palavra (p. ex., triste, zangado, assustado, ansioso ou culpado).

4. **Comportamentos:** pergunte-se: "O que eu fiz?" ou "O que eu não fiz que poderia ter feito anteriormente ou gostaria de ter feito?". Lembre-se de que evitar algo também é uma resposta comportamental.

5. **Sensações corporais:** referem-se a respostas fisiológicas, como frequência cardíaca, padrões respiratórios, dores ou desconforto, tontura, náusea, calor ou frio, ou outras sensações ou sintomas específicos. Às vezes, pode ser difícil identificar uma sensação corporal específica. Procure também estados físicos gerais, como fadiga ou sensação de nervosismo ou tensão.

 EXERCÍCIO. Minha formulação em cinco partes

Veja como David e Jayashri construíram suas formulações nas páginas 56-57. Usando princípios semelhantes, complete o diagrama de cinco partes na página 58 para desenvolver uma formulação situacional do seu problema desafiador. Lembre-se de que a especificidade é importante na identificação de seus pensamentos, emoções, comportamentos e sensações corporais. Portanto, se possível, encontre uma situação específica recente em que você sentiu uma resposta emocional intensa (uma reação emocional classificada acima de 50%). Isso é invariavelmente mais útil do que simplesmente anotar sentimentos e pensamentos que geralmente podem surgir nesse tipo de situação.

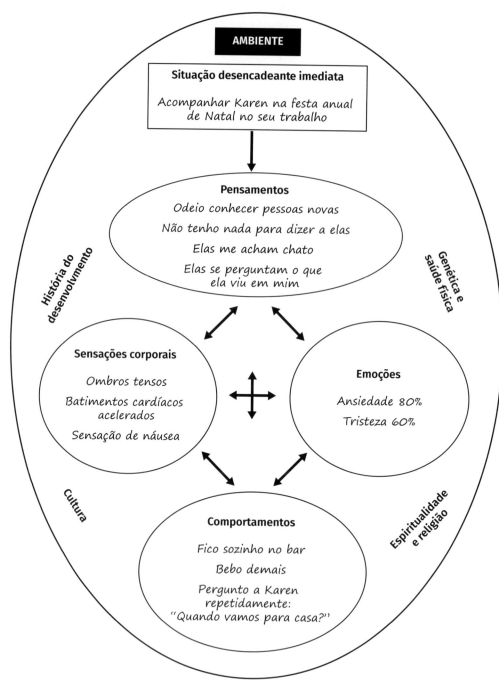

Experimentando a terapia cognitivo-comportamental de dentro para fora 57

FORMULAÇÃO EM CINCO PARTES DE JAYASHRI

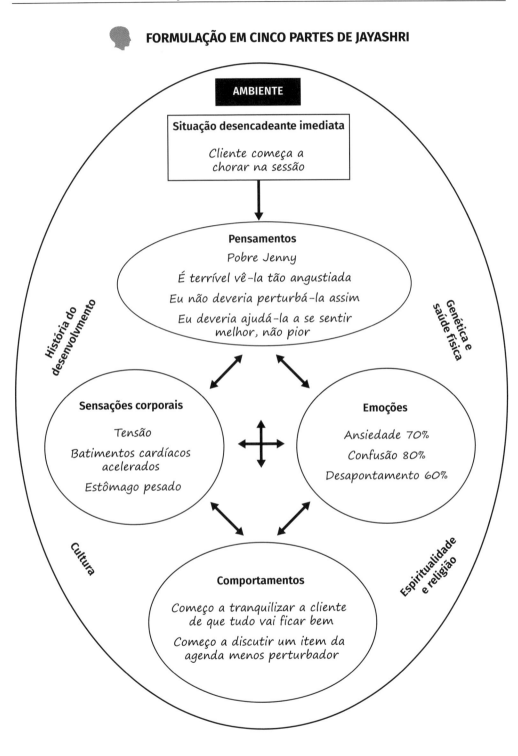

MINHA FORMULAÇÃO EM CINCO PARTES

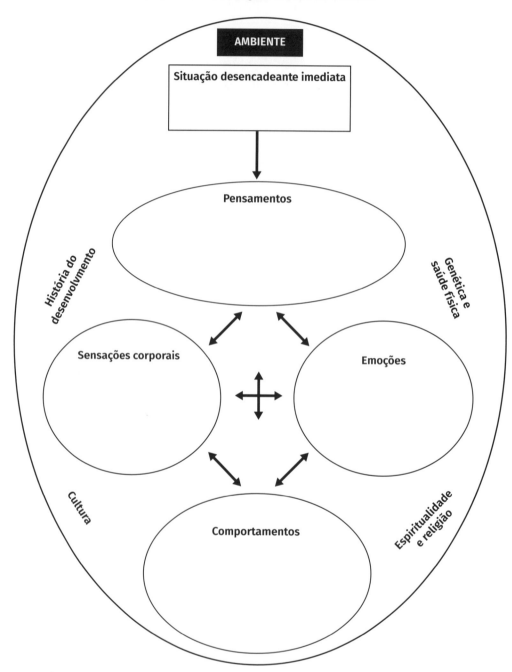

Reproduzido de *Experimentando a terapia cognitivo-comportamental de dentro para fora: um manual de autoprática/autorreflexão para terapeutas*, James Bennett-Levy, Richard Thwaites, Beverly Haarhoff e Helen Perry. Copyright 2015, The Guilford Press. A permissão para reprodução deste formulário é concedida aos compradores deste livro somente para uso pessoal. Os compradores podem fazer o *download* deste material na página do livro em loja.grupoa.com.br.

E A CULTURA?

Você também pode explorar alguns dos fatores influenciadores no grande círculo do modelo englobando o "ambiente". Um fator influenciador que muitas vezes não levamos em consideração é o da nossa cultura. Esse é particularmente o caso se pertencemos à cultura dominante. No Ocidente, às vezes, a cultura dominante é descrita como anglo-americana. Muitas vezes, os indivíduos que pertencem à cultura dominante não consideram que têm uma identidade cultural específica, acreditando que sua visão do mundo é a norma. Podemos pensar nisso como "viés cultural não reconhecido". À medida que nossas sociedades se tornam cada vez mais multiculturais, é importante reconhecer a influência de nossos vieses culturais pessoais, pois eles têm o potencial de influenciar como interpretamos os comportamentos de pessoas de outras culturas e como elas podem interpretar nossos comportamentos.

Em contraste com os indivíduos que representam a cultura dominante, muitas vezes, a cultura é experienciada como muito importante pelas pessoas que não se definem como pertencentes à cultura dominante. Também foi sugerido que, quando consideramos a cultura, devemos ir além das influências óbvias, como etnia e religião, considerando outras influências. Pamela Hays introduziu o acrônimo "ADDRESSING" para nos ajudar a lembrar disso. Identificar um perfil cultural pessoal usando a abordagem ADDRESSING pode aumentar nossa consciência da possibilidade de viés cultural não reconhecido.

 EXEMPLO: os perfis ADDRESSING resumidos de Shelly, Jayashri e David

Dê uma olhada nos perfis ADDRESSING resumidos de Shelly, Jayashri e David.

PERFIS ADDRESSING RESUMIDOS DE SHELLY, JAYASHRI E DAVID

	Dimensões da cultura	Shelly	Jayashri	David
A	**Idade e coorte geracional:** a ideia de que diferentes gerações têm características, aspirações, interesses e estilos de vida particulares que influenciam a que atentam e o que acham ser importante.	24 anos Geração Y 1985-2004	36 anos Geração X 1965-1984	57 anos Baby boomer 1945-1964
D	**Deficiência no desenvolvimento:** muitas vezes, grupos de indivíduos que nasceram com condições como surdez frequentemente expressam a visão de que representam uma perspectiva e identidade cultural particular.	Nenhuma		Dislexia leve
D	**Deficiência adquirida mais tarde na vida:** condições crônicas de saúde física ou mental, lesão ou acidente.	Nenhuma digna de nota		

(Continua)

(Continuação)

	Dimensões da cultura	Shelly	Jayashri	David
R	**Identidade religiosa e espiritual:** geralmente, é mais influente em culturas que não se identificam como ocidentais. Sentimentos sobre a importância da família, atitudes com as mulheres e casamento podem ser muito influentes.	Cristão	Hindu	Agnóstico
E	**Identidade étnica e racial:** a imigração é um fenômeno em franco crescimento, e muitas famílias são compostas de diferentes combinações étnicas que influenciam como a família se integra em seu novo país. É comum que crianças nascidas em famílias de migrantes experimentem identidades raciais duais ou múltiplas.	Europeia	País do Sul da Ásia	Europeia
S	***Status* socioeconômico:** definido por educação, renda e ocupação.	Profissional/classe média		
S	**Orientação sexual:** heterossexual, *gay*, lésbica ou bissexual.	Lésbica	Heterossexual	
I	**Herança indígena:** povos das Primeiras Nações (aqueles que precedem os colonizadores e imigrantes).	Nenhuma		
N	**Origem nacional:** geralmente, o país de nascimento.	Americano		
G	**Gênero:** masculino, feminino ou intersexo.		Feminino	Masculino

EXPLORANDO NOSSA IDENTIDADE CULTURAL

No formulário nas páginas 61-62 você vai criar um perfil ADDRESSING para você mesmo. Pamela Hays sugere que analisemos as categorias em termos do grau em que representamos a perspectiva cultural "dominante". Quanto mais nos "encaixamos", mais provavelmente (1) não teremos consciência do nosso viés cultural e (2) teremos pouca experiência de como é pertencer a um grupo cultural de "minoria". Ao preencher seu perfil ADDRESSING, veja se você consegue expandir as informações.

EXEMPLO: identidade cultural de Jayashri usando o perfil ADDRESSING

Jayashri preencheu seu perfil ADDRESSING, o que aumentou sua consciência das influências sutis e não tão sutis da sua criação bicultural. Na categoria "Identidade étnica e racial", ela escreveu:

> *Meus pais nasceram em Hyderabad, na Índia, e migraram para o Vale do Silício, Califórnia, EUA, em 1976. Meu pai é engenheiro e minha mãe é enfermeira. Minha família é hindu. Eu nasci nos Estados Unidos, mas quando criança viajávamos frequentemente para a Índia para visitar a família. Isso não acontece com tanta frequência agora porque meus pais acham que não é mais seguro. Eles foram afetados negativamente pelas atitudes de algumas pessoas após o 11 de setembro, e minha mãe ficou muito deprimida e retraída naquela época. Muitas vezes, eles se recordam dos velhos tempos em Hyderabad, mas estão muito bem estabelecidos na América, embora a maioria de seus amigos tenha uma origem similar. Eu me casei com Anish, que também tem pais imigrantes indianos. Nós dois nos sentimos bem americanos, mas achamos que somos muito mais conscientes sobre nossas diferenças culturais e físicas dos americanos europeus do que éramos antes...*

 EXERCÍCIO. Minha identidade cultural usando o perfil ADDRESSING

Preencha o formulário ADDRESSING a seguir. Amplie as áreas de particular relevância usando outras folhas de papel, como Jayashri fez no exemplo anterior, e identifique aquelas em que você sente que representa a perspectiva cultural "dominante".

MINHA IDENTIDADE CULTURAL USANDO O PERFIL ADDRESSING

A	**Idade e coorte geracional:**
D	**Deficiência no desenvolvimento:**

(Continua)

(Continuação)

D	**Deficiência adquirida mais tarde na vida:**	
R	**Identidade religiosa e espiritual:**	
E	**Identidade étnica e racial:**	
S	***Status* socioeconômico:**	
S	**Orientação sexual:**	
I	**Herança indígena:**	
N	**Origem nacional:**	
G	**Gênero:**	

Reproduzido de *Experimentando a terapia cognitivo-comportamental de dentro para fora: um manual de autoprática/autorreflexão para terapeutas*, James Bennett-Levy, Richard Thwaites, Beverly Haarhoff e Helen Perry. Copyright 2015, The Guilford Press. A permissão para reprodução deste formulário é concedida aos compradores deste livro somente para uso pessoal. Os compradores podem fazer o *download* deste material na página do livro em loja.grupoa.com.br.

Consultando suas formulações originais nas cinco áreas, Shelly, Jayashri e David consideraram que sua perspectiva ou viés cultural os influenciou de várias maneiras. Por exemplo:

Shelly: *Perfeccionismo e ansiedade pelo desempenho fizeram parte da minha criação privilegiada, em que o indivíduo deve deixar sua marca, fazer acontecer e ter um desempenho excelente.*

Jayashri: *A ideia de que é vergonhoso expor as emoções publicamente é algo que meus pais indianos sempre enfatizaram. Será que isso pode estar contribuindo para a minha necessidade imediata de tentar "melhorar as coisas" para meus clientes?*

David: *Minha experiência de dislexia pode ter contribuído para minhas ideias de que os outros podem me ver como não estando à altura. Ser de uma geração diferente da geração da minha parceira e de seus colegas de trabalho também pode estar influenciando meus pensamentos sobre mim mesmo como inadequado e precisando me provar.*

 EXERCÍCIO. Acrescentando os fatores culturais à minha formulação

Como a sua origem cultural pode ter influenciado sua vida? Considere sua formulação original de cinco partes. Usando o diagrama de cinco partes na página 64, acrescente os fatores culturais que você acha que podem ser relevantes para você.

MINHA FORMULAÇÃO DE CINCO PARTES CULTURALMENTE INFLUENCIADA

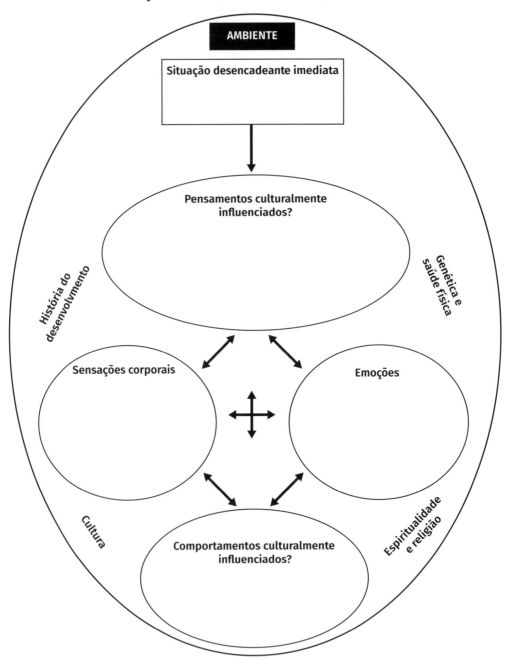

Reproduzido de *Experimentando a terapia cognitivo-comportamental de dentro para fora: um manual de autoprática/autorreflexão para terapeutas*, James Bennett-Levy, Richard Thwaites, Beverly Haarhoff e Helen Perry. Copyright 2015, The Guilford Press. A permissão para reprodução deste formulário é concedida aos compradores deste livro somente para uso pessoal. Os compradores podem fazer o *download* deste material na página do livro em loja.grupoa.com.br.

DESENVOLVENDO UMA DECLARAÇÃO DO PROBLEMA

Agora que você já desenvolveu uma formulação de cinco partes de uma experiência recente no trabalho ou pessoal, o próximo passo é desenvolver uma declaração clara do problema que reflita a perspectiva da TCC de que "uma coisa leva a outra". A declaração do problema deve (1) resumir a situação problemática; (2) observar os componentes comportamentais, cognitivos, emocionais e físicos; e (3) identificar o impacto. Você pode ver como isso é feito nos exemplos de Shelly, Jayashri e David, a seguir.

 EXEMPLO: declarações do problema de Shelly, Jayashri e David

> **Shelly:** *Evito falar sobre meus casos na supervisão clínica em grupo, pois me sinto ansiosa e preocupada com a possibilidade de estar fazendo a coisa errada e os outros imaginarem o pior de mim. Isso está fazendo com que eu receba cada vez menos feedback, e faz com que eu me sinta cada vez menos confiante quanto ao que estou fazendo.*

> **Jayashri:** *Quando estou nas minhas sessões e começo a ver que o cliente está ficando chateado, começo a ficar ansiosa e sinto todo o meu corpo tenso, com uma sensação de mal-estar no estômago. Imagino o cliente preso para sempre ao sentimento angustiante e penso que sou uma má terapeuta, e até mesmo uma má pessoa. Então, faço tentativas para evitar o incômodo potencial, por exemplo, mudando para um conteúdo menos emocional ou tentando fazer com que o cliente se sinta melhor.*

> **David:** *Quando sou convidado para eventos sociais onde irei encontrar pessoas novas, imagino elas se perguntando o que Karen pode estar fazendo com um cara velho e chato. Eu temo essas situações e me sinto ansioso e fisicamente estressado, gastando meu tempo inventando desculpas para não ir ou imaginando o que posso dizer às pessoas.*

EXERCÍCIO. Minha declaração do problema

Usando a formulação de cinco partes como ponto de partida, crie sua própria declaração do problema no quadro a seguir. Expresse a formulação como uma declaração do problema, incluindo seus respectivos componentes: os fatores comportamentais, físicos, emocionais e cognitivos; a situação perturbadora que geralmente precede o problema em primeiro plano; e o impacto que tudo isso tem em você.

MINHA DECLARAÇÃO DO PROBLEMA

IDENTIFICANDO PONTOS FORTES

Os exercícios anteriores pediram que você formulasse uma situação em que experimentou uma emoção negativa e desenvolvesse uma declaração do problema. Muitas vezes, podemos passar mais tempo observando e nos preocupando com o que fizemos de errado em vez de prestarmos atenção às situações que administramos, e com as quais lidamos bem ou até mesmo de forma brilhante! Nos próximos exercícios, você irá explorar sua experiência como terapeuta ou pessoa por uma perspectiva diferente, identificando e fazendo uma lista dos seus pontos fortes e criando uma formulação baseada neles. Normalmente, o melhor lugar para procurar pontos fortes é em áreas em que você se sente confiante consigo mesmo ou em atividades que aprecia. Podem ser *hobbies* e interesses ou atividades que fazem parte da sua rotina diária, como fazer exercícios ou cozinhar. Christine Padesky e Kathleen Mooney sugerem que você encare a sua busca pelos pontos fortes como uma "busca de talentos" pessoais. Quais são seus "*X factors*"? Os pontos fortes podem se referir a uma variedade de atributos, como boa resolução de problemas, senso de humor, inteligência, boa destreza manual ou física, etc. Considere seus valores pessoais e pontos fortes espirituais e culturais. Os pontos fortes culturais podem ser coisas como fortes vínculos familiares, uma perspectiva espiritual útil ou uma boa ética profissional.

 EXEMPLO: pontos fortes identificados por David

> Meus pontos fortes são um senso de humor excêntrico, um interesse genuíno por outras pessoas e pelo que as motiva e, pela minha experiência como psicólogo, empatia e insight psicológico.

 EXERCÍCIO. Identificando meus pontos fortes

Registre seus pontos fortes no quadro a seguir. Se você achar isso difícil (como acontece com muitas pessoas), peça algumas sugestões a amigos ou familiares. Você pode se surpreender com quantos eles podem encontrar!

MEUS PONTOS FORTES

DESENVOLVENDO UMA FORMULAÇÃO BASEADA NOS PONTOS FORTES

Para desenvolver uma formulação baseada nos pontos fortes, precisamos tornar os pontos fortes "reais" para nós, sentindo-os internamente no nível "racional" ou "visceral": a ideia é criar uma consciência experiencial de como experimentamos esses pontos fortes de forma emocional, cognitiva e corporal. Em seguida, voltamos nossa mente para a situação problemática que formulamos no modelo de cinco partes, mantendo a sensação dos nossos pontos fortes. Em seguida, reproduzimos a mesma situação em nossa mente, imaginando como a teríamos abordado e experienciado se as memórias e os sentimentos baseados nos pontos fortes estivessem em primeiro lugar em nossa mente e corpo.

 EXERCÍCIO. Minha formulação baseada nos pontos fortes

Depois de revisar a formulação baseada nos pontos fortes de David na página 69, desenvolva sua própria formulação baseada nos pontos fortes. Retorne à situação problemática, sinta os pontos fortes no corpo e na mente, e se imagine vivenciando a situação problemática a partir dessa perspectiva dos pontos fortes. Veja se consegue formulá-la usando o diagrama na página 70 de uma forma que reflita os pontos fortes que você identificou. O que está acontecendo em seu corpo e nas emoções? Quais são seus pensamentos e comportamentos baseados nos pontos fortes? Continue fazendo acréscimos à lista à medida que identifica mais pontos fortes nas próximas semanas.

Dica: *lembre-se dos seus pontos fortes, pois você estará focando neles à medida que avança no livro.*

Experimentando a terapia cognitivo-comportamental de dentro para fora   69

FORMULAÇÃO DE DAVID BASEADA NOS PONTOS FORTES

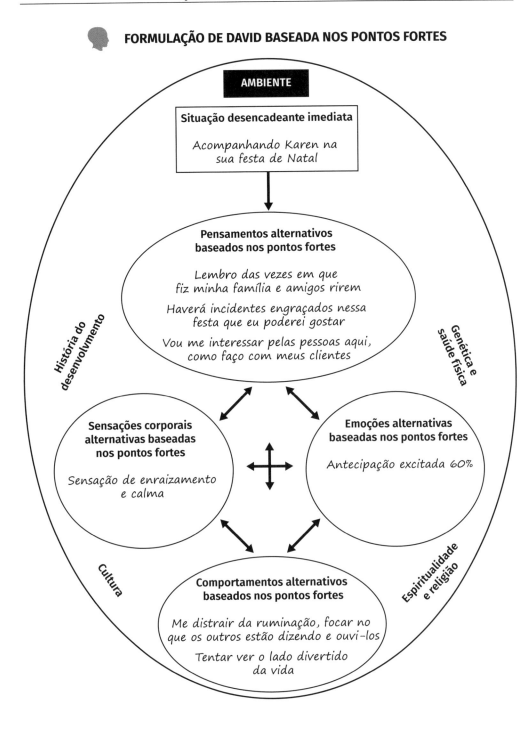

MINHA FORMULAÇÃO BASEADA NOS PONTOS FORTES

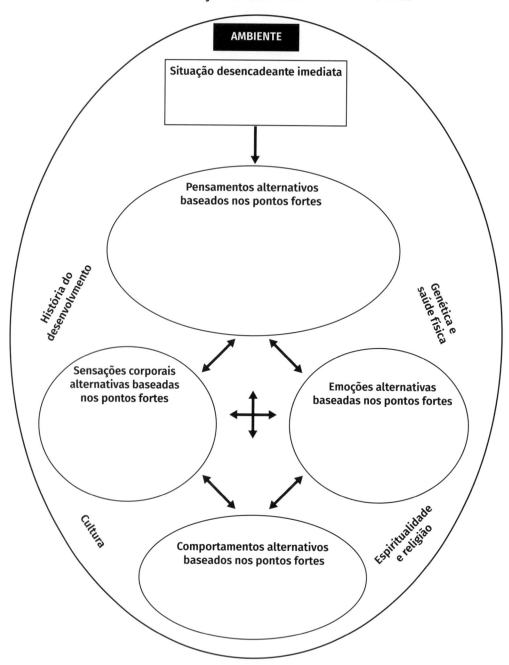

Reproduzido de *Experimentando a terapia cognitivo-comportamental de dentro para fora: um manual de autoprática/autor-reflexão para terapeutas*, James Bennett-Levy, Richard Thwaites, Beverly Haarhoff e Helen Perry. Copyright 2015, The Guilford Press. A permissão para reprodução deste formulário é concedida aos compradores deste livro somente para uso pessoal. Os compradores podem fazer o *download* deste material na página do livro em loja.grupoa.com.br.

DEFININDO OBJETIVOS

Tendo em mente sua formulação de cinco partes, a declaração do problema e os pontos fortes, está na hora de criar dois ou três objetivos, sejam eles objetivos como terapeuta ou objetivos pessoais, dependendo se você escolheu focar em seu "*self* terapeuta" ou seu "*self* pessoal".

Às vezes, a definição dos objetivos na terapia pode parecer um exercício mecânico, mas não precisa ser. Podemos usar a imaginação para "dar vida" a como gostaríamos de ser no futuro. Futuros imaginados podem nos ajudar a focar nas formas concretas em que gostaríamos que nossas vidas fossem diferentes. Nos exemplos a seguir, Jayashri e David usaram a imaginação para se retratarem ao fim do programa de AP/AR se sentindo confiantes e relaxados em situações que atualmente eram problemáticas para eles.

EXEMPLO: objetivos de Jayashri como terapeuta

1. Encorajar um cliente que tem um diagnóstico de transtorno de pânico a realizar um experimento de indução de pânico na sessão.
2. Permitir que o cliente, que parece começar a ficar chateado, permaneça com a emoção em vez de imediatamente tentar fazer com que ele se sinta bem.
3. Ser capaz de realizar exposição e prevenção de resposta com um cliente até o ponto da aprendizagem ideal, mesmo que ele fique angustiado.

EXEMPLO: objetivos pessoais de David

1. Acompanhar Karen – sem dar uma desculpa imediatamente – quando ela me pedir para acompanhá-la a eventos sociais relacionados ao trabalho nos próximos três meses.
2. Puxar conversa com pelo menos duas pessoas estranhas na próxima vez em que eu estiver em uma festa.

EXERCÍCIO. Definindo meus objetivos usando a imaginação

Neste exercício de imaginação, permita-se vários minutos de silêncio sem interrupções. Leia as instruções a seguir, feche os olhos e sinta como se tivesse concluído com sucesso o programa de AP/AR. Faça anotações sobre a sua experiência no quadro na página 72 e formule seus objetivos a partir do que experimentou.

Você chegou ao fim do programa de AP/AR. Você abordou seu problema com sucesso. Você usou seus pontos fortes. Você desenvolveu algumas perspectivas diferentes sobre o problema e desenvolveu novas habilidades. Como você se sente? Onde você percebe isso no seu corpo? Imagine que você está olhando para si mesmo através de uma câmera de vídeo. O que você está se vendo fazer de forma diferente na situação problemática? Procure observar em detalhes o que você está fazendo de maneira diferente, como está se movimentando de forma diferente e sentindo e pensando de maneira diferente. Faça algumas anotações no quadro a seguir. Então, traduza esses novos comportamentos, pensamentos, sensações corporais e sentimentos em objetivos.

Notas imaginárias:

Meus objetivos:

1.

2.

3.

TORNANDO OS OBJETIVOS SMART (INTELIGENTES)

É importante poder monitorar e mensurar o progresso em direção aos nossos objetivos, para que eles sejam SMART (inteligentes). SMART simboliza: Específico (*Specific*), Mensurável (*Measurable*), Atingível (*Achievable*), Relevante (*Relevant*) e dentro de um prazo (*Time frame*).

 EXERCÍCIO. Meus objetivos SMART

Desenvolva um ou dois dos seus objetivos SMART usando os formulários das páginas 74-75. Você pode ver como Jayashri usou o formulário SMART na página 73 para reescrever seus objetivos iniciais de acordo com os princípios SMART.

> Um dos objetivos iniciais de Jayashri era "encorajar um cliente que tem um diagnóstico de transtorno de pânico e realizar um experimento de indução de pânico em uma sessão". Depois de tornar este objetivo SMART, ela desenvolveu objetivos de curto (1 mês), médio (4 meses) e longo prazo (9 meses) com resultados claramente mensuráveis.

Depois de revisar os objetivos SMART de Jayashri, reescreva os seus próprios usando os princípios SMART.

 PRIMEIRO OBJETIVO SMART DE JAYASHRI

Objetivo [antes de tornar SMART] *Encorajar um cliente que tem diagnóstico de transtorno de pânico a realizar um experimento de indução de pânico na sessão.*	**Atingível:** seus objetivos são atingíveis – apenas fora do alcance, mas não irrealisticamente? *Estou confiante de que esse objetivo é atingível se eu tiver apoio do meu supervisor, e estou confiante de que terei.*
Específico: seus objetivos são específicos? Quais são as datas, horários, recursos, etc., necessários para atingi-los? • *Discutir o objetivo com o supervisor.* • *Revisar o diário.* • *No primeiro mês, escolher dois clientes com transtorno de pânico. Conduzir indução de pânico com eles até o fim do mês.* • *Continuar com o experimento de indução de pânico com clientes futuros.*	**Relevante:** seus objetivos são diretamente relevantes para a sua vida e para colocar as coisas em ordem? O que você gostaria de poder fazer em seguida que fará uma diferença real? • *Relevante para a eficácia e confiança como terapeuta.* • *Revisar a literatura referente ao tratamento de pânico. Melhorar a confiança e competência praticando indução na dramatização e assistindo indução de pânico em vídeos de demonstração.*
Mensurável: como você vai medir o progresso em seus objetivos e como saberá quando os atingiu? • *Avaliar o nível de confiança no uso de indução de pânico antes e depois das sessões.* • *Avaliar os próprios níveis de ansiedade antes e depois das sessões.* • *Examinar os resultados a partir do feedback do cliente e do progresso com o supervisor.* • *Gravar e assistir às sessões.*	**Dentro de um prazo:** até que data você gostaria de atingir seus objetivos? Comece com objetivos de curto prazo. Acrescentar alguns objetivos de médio e longo prazo pode ser útil à medida que você avança. • *Objetivo de curto prazo (1 mês): ter realizado duas induções de pânico até o fim do mês.* • *Objetivos a médio prazo (4 meses): me sentir confiante (8/10) com o uso de experimentos de indução de pânico com clientes com transtorno do pânico. Estar fazendo experimentos de indução de pânico com pelo menos 80% dos meus clientes com transtorno do pânico.* • *Objetivo a longo prazo (9 meses): a indução de pânico se torna parte integrante do meu repertório terapêutico.*

MEU PRIMEIRO OBJETIVO SMART

Objetivo [antes de tornar SMART]	**Atingível:** seus objetivos são atingíveis – apenas fora do alcance, mas não irrealisticamente?
Específico: seus objetivos são específicos? Quais são as datas, horários, recursos, etc., necessários para atingi-los?	**Relevante:** seus objetivos são diretamente relevantes para a sua vida e para colocar as coisas em ordem? O que você gostaria de poder fazer em seguida que fará uma diferença real?
Mensurável: como você vai medir o progresso em seus objetivos e como saberá quando os atingiu?	**Dentro de um prazo:** até que data você gostaria de atingir seus objetivos? Comece com objetivos de curto prazo. Acrescentar alguns objetivos de médio e longo prazo pode ser útil à medida que você avança.

Reproduzido de *Experimentando a terapia cognitivo-comportamental de dentro para fora: um manual de autoprática/autor-reflexão para terapeutas*, James Bennett-Levy, Richard Thwaites, Beverly Haarhoff e Helen Perry. Copyright 2015, The Guilford Press. A permissão para reprodução deste formulário é concedida aos compradores deste livro somente para uso pessoal. Os compradores podem fazer o *download* deste material na página do livro em loja.grupoa.com.br.

MEU SEGUNDO OBJETIVO SMART

Objetivo [antes de tornar SMART]	**Atingível:** seus objetivos são atingíveis: apenas fora do alcance, mas não irrealisticamente?
Específico: seus objetivos são específicos? Quais são as datas, horários, recursos, etc., necessários para atingi-los?	**Relevante:** seus objetivos são diretamente relevantes para a sua vida e para colocar as coisas em ordem? O que você gostaria de poder fazer em seguida que fará uma diferença real?
Mensurável: como você vai medir o progresso em seus objetivos e como saberá quando os atingiu?	**Dentro de um prazo:** até que data você gostaria de atingir seus objetivos? Comece com objetivos de curto prazo. Acrescentar alguns objetivos de médio e longo prazo pode ser útil à medida que você avança.

Reproduzido de *Experimentando a terapia cognitivo-comportamental de dentro para fora: um manual de autoprática/autorreflexão para terapeutas*, James Bennett-Levy, Richard Thwaites, Beverly Haarhoff e Helen Perry. Copyright 2015, The Guilford Press. A permissão para reprodução deste formulário é concedida aos compradores deste livro somente para uso pessoal. Os compradores podem fazer o *download* deste material na página do livro em loja.grupoa.com.br.

ESTRATÉGIAS PARA ATINGIR OS OBJETIVOS

A definição dos objetivos é importante, mas pesquisas sugerem que ela tem pouco impacto sem a identificação e implementação de estratégias para atingir esses objetivos, juntamente com estratégias para enfrentar os obstáculos. O que você precisa fazer para atingir esses objetivos? Como você vai fazer isso?

 EXEMPLO: estratégias de Jayashri para atingir seus objetivos

---

ESTRATÉGIAS PARA ATINGIR MEUS OBJETIVOS

Que passos vou dar para atingir meus objetivos?

Conversar com o meu supervisor sobre meus objetivos e colocar isso na agenda da supervisão como um item permanente.

Agendar horários de prática para dramatizações com um colega.

Localizar recursos como um vídeo com demonstração de indução de pânico.

Programar um horário para assistir ao vídeo.

Antes das sessões de indução de pânico, lembrar de situações em que fiz o experimento com sucesso com outros clientes.

O que poderia atrapalhar (obstáculos)?

Quanto maior a intensidade da reação emocional do cliente, mais difícil é para mim continuar com exercícios de exposição desafiadores.

Como vou superar esses obstáculos?

Fazer um cartão de sugestões, listando evidências claras para intervenções de terapia, como indução de pânico. Ler essa lista várias vezes antes de uma sessão.

Relembrar minhas experiências de sucesso antes das sessões.

 EXERCÍCIO. Estratégias para atingir meus objetivos

Use a imaginação para pensar em detalhes sobre os passos que você vai dar para atingir seus objetivos. Veja a si mesmo em situações específicas fazendo progresso, enfrentando obstáculos e superando-os. O que você vai fazer? Como você vai abordar a questão? A quais recursos você vai recorrer, internos ou externos?

ESTRATÉGIAS PARA ATINGIR MEUS OBJETIVOS

Que passos vou dar para atingir meus objetivos?

O que poderia atrapalhar (obstáculos)?

Como vou superar esses obstáculos?

PERGUNTAS AUTORREFLEXIVAS

O que você achou da experiência de aplicar o modelo de cinco partes a si mesmo? O que você notou a respeito da situação desencadeante, seus pensamentos, comportamentos, sensações corporais e emoções e a relação entre eles? Houve alguma surpresa?

___

Neste módulo, você usou o modelo de cinco partes de três formas diferentes: para compreender seu problema (área de dificuldade), incluir aspectos da sua identidade cultural e incorporar seus pontos fortes. De que forma essas abordagens diferentes afetaram a maneira como você entende a si mesmo e o problema que identificou? Você se identificou com alguma delas em particular?

___

O uso do modelo de cinco partes (incluindo os pontos fortes) mudou de alguma maneira a forma como você vê a si mesmo ou como encara o problema? Em caso afirmativo, como?

_____
_____
_____
_____
_____
_____
_____
_____
_____
_____
_____
_____

Pensando sobre as maneiras como você formulou aspectos da sua área de dificuldade usando o modelo de cinco partes, há algo que você gostaria de introduzir na sua prática clínica? Você prevê alguma dificuldade ao fazer isso?

_____
_____
_____
_____
_____
_____
_____
_____
_____
_____
_____
_____

O que você achou de fazer uma declaração do problema? Este foi um exercício útil? Em caso afirmativo, como você pode incorporá-lo à sua prática clínica?

A imaginação foi introduzida em vários exercícios (p. ex., pontos fortes, definição de objetivos, estratégias). Como você experienciou isso? Você acha que fez diferença? Em caso afirmativo, que tipo de diferença? Pelo seu conhecimento da teoria ou de pesquisas, como você entende o valor da imaginação?

Descreva sua experiência de AR até aqui. Você teve alguma dificuldade com os exercícios? Há algo que precise fazer para tornar as coisas mais fáceis para você?

Há algo que se destacou particularmente para você neste módulo e que você gostaria de lembrar?

Módulo 3

Usando ativação comportamental para mudar padrões de comportamento

... algumas descobertas revigorantes para mim, pessoal e profissionalmente. Associando isso com o trabalho com os clientes, acho que irei descrever a ativação comportamental mais como um "experimento" inicialmente do tipo "vamos descobrir e ver" (como minha própria experiência provou que realmente não podemos prever o que surgirá a partir disso) e certamente passarei mais tempo explorando a experiência dos clientes de usar [ativação comportamental] em vez de avançar muito rápido para a etapa seguinte.
_ Participante de autoprática/autorreflexão (AP/AR)

Explorar e mudar os padrões de comportamento é uma das primeiras coisas que podemos fazer com indivíduos que estão deprimidos. Embora você possa não estar deprimido, a ativação comportamental ainda é um exercício muito útil para gerenciar estados de humor desconfortáveis. Muitas vezes, também iniciamos a terapia com intervenções comportamentais, como a ativação comportamental, pois nossos clientes podem achar mais fáceis de compreender e dominar. É por isso que a ativação comportamental aparece como uma das primeiras atividades de AP neste livro.

É difícil replicar a experiência de estar deprimido. Entretanto, muitos de nós, mesmo que não deprimidos, muitas vezes nos esforçamos para fazer as coisas que gostaríamos de fazer ou que sabemos que seriam boas para nós. Acima de tudo, nos esforçamos para fazer o que "temos" de fazer.

Aumentar a ativação comportamental e reduzir a evitação pode ser uma maneira poderosa de melhorar o humor dos nossos clientes. No entanto, as estratégias de ativação comportamental exigem cuidado em relação à forma como são introduzidas. Muitos clientes já terão sido instruídos a "se esforçarem" ou a "apenas se recomporem", então torna-se ainda mais importante que, ao encorajar os clientes a se engajarem na atividade, façamos isso de maneira sensível e compreensiva – melhor ainda se nossa compreensão vier de dentro para fora, entendendo verdadeiramente como é tentar fazer essas mudanças.

Muitas de nossas atividades, comportamentos e padrões são desempenhados automaticamente ou por hábito. Se quisermos ser capazes de mudar esses comportamentos, uma das tarefas é aumentar a consciência sobre esses padrões comportamentais e como eles podem afetar o nosso humor. Esse é o propósito do diário de atividades e do humor.

 EXEMPLO: diário de atividades e do humor de Jayashri

Jayashri preencheu o diário de atividades e do humor nas páginas 86-87. Na medida do possível, ela fez isso no momento em que o comportamento ocorria, ou o quanto antes, para maximizar a sua precisão. Ela descobriu que isso aumentava sua consciência dos seus padrões de comportamento e notou várias ligações entre seu comportamento e seu humor. Observe que ela escolheu três emoções para monitorar e avaliar, depressão, ansiedade e raiva, pois essas eram as emoções mais relacionadas com seu problema desafiador. A seguir, apresentamos o diário de atividades e do humor de Jayashri relativos ao primeiro dia (segunda-feira).

DIÁRIO DE ATIVIDADES E DO HUMOR DE JAYASHRI

Dia 1 – Segunda-feira	
7:00	Levantei e tomei café da manhã, e a primeira coisa em que pensei foi nos clientes com problemas complexos que eu estava vendo. Deprimida: 3 Ansiosa: 6
8:00	Dirigi até o trabalho. Ouvi algumas das minhas músicas favoritas. Deprimida: 2 Ansiosa: 4
9:00	Vi um cliente, tudo correu bem, e senti que a semana havia começado bem. Deprimida: 0 Ansiosa: 0
10:00	Tive reunião com meu gerente. Queria discutir o prosseguimento a um treinamento adicional, mas não cheguei a mencioná-lo. Evitei trazer o assunto. Deprimida: 4 Ansiosa: 2
11:00	Tive a sessão final com um cliente que se saiu muito bem. Deprimida: 0 Ansiosa: 0
12:00	Atualizei algumas anotações e cartas pendentes, irritada por não ter tido tempo para almoçar. Deprimida: 2 Ansiosa: 3 Irritada: 2
13:00	Sessão com um cliente, e havia planejado fazer um experimento comportamental na sessão. O cliente trouxe uma nova questão e eu aceitei isso. Percebi que nós dois compactuamos para evitar o experimento. Deprimida: 5 Ansiosa: 4 Irritada comigo mesma: 3

(Continuação)

	Dia 1 – Segunda-feira
14:00	Sessão com novo cliente. Correu bem, e ainda pensando sobre minha sessão anterior. Deprimida: 4 Ansiosa: 3
15:00	Cliente não apareceu para a sessão. Decidi dar uma saída e comprar uns biscoitos para me animar. Acabei comendo metade da caixa no caminho de volta à clínica. Deprimida: 6 Ansiosa: 2
16:00	Sessão com cliente, correu bem, embora eu tenha sentido que não estava dando muita importância. Me esforcei para me conectar totalmente com o que ele estava dizendo. Deprimida: 5 Ansiosa: 2
17:00	Havia planejado ir à academia para me exercitar, mas estava tão cansada que só queria ir para casa. Fui direto para casa. Deprimida: 5 Ansiosa: 0
18:00	Fiz o jantar, experimentei uma receita nova e tudo correu bem. Anish também gostou. Deprimida: 3 Ansiosa: 0
19:00	Liguei para Annie e colocamos os assuntos em dia. Falei sobre meu dia ruim no trabalho e ela estava tendo problemas parecidos. Fizemos planos para o fim de semana. Deprimida: 1 Ansiosa: 1
20:00	Tomei um longo banho quente enquanto lia uma revista. Deprimida: 1 Ansiosa: 0
21:00	Fui para a cama, decidi não ficar acordada e assistir ao filme com Anish. Deprimida: 1 Ansiosa: 0

 EXERCÍCIO. Meu diário de atividades e do humor

Agora é a sua vez de registrar o que você faz durante os próximos 4 dias, juntamente com as emoções que experimentar. Escolha 2 ou 3 emoções que têm lhe incomodado em relação ao seu problema desafiador e avalie sua intensidade no diário de atividades e do humor nas páginas 86-87.

MEU DIÁRIO DE ATIVIDADES E DO HUMOR

	Dia 1	Dia 2	Dia 3	Dia 4
7:00				
8:00				
9:00				
10:00				
11:00				
12:00				
13:00				
14:00				

(Continua)

(Continuação)

	Dia 1	Dia 2	Dia 3	Dia 4
15:00				
16:00				
17:00				
18:00				
19:00				
20:00				
21:00				

Reproduzido de *Experimentando a terapia cognitivo-comportamental de dentro para fora: um manual de autoprática/autorreflexão para terapeutas*, James Bennett-Levy, Richard Thwaites, Beverly Haarhoff e Helen Perry. Copyright 2015, The Guilford Press. A permissão para reprodução deste formulário é concedida aos compradores deste livro somente para uso pessoal. Os compradores podem fazer o *download* deste material na página do livro em loja.grupoa.com.br.

EXERCÍCIO. Exame do meu diário de atividades e do humor

Analisando os últimos dias, há algum padrão que você possa ver em seu comportamento ou humor? Seu humor varia ao longo do dia ou entre os dias? Certas horas do dia são mais difíceis ou algumas atividades parecem estar associadas a humor mais deprimido, aumento da ansiedade, raiva ou alguma outra emoção? Nos momentos em que você sentiu seu humor "para baixo" ou em que pode ter se sentido deprimido, o que você fez para lidar com isso? Isso ajudou a curto prazo? E a longo prazo?

EXAME DO MEU DIÁRIO DE ATIVIDADES E DO HUMOR

Quando fazemos exercícios como o diário de atividades e do humor, é fácil para nós (e para nossos clientes) sermos duros conosco quando observamos emoções e comportamentos que não são úteis ou se estamos evitando certas atividades. Qual tem sido sua atitude em relação a si mesmo? Você tem sido autocrítico com o que fez ou com o que deixou de fazer? Que alternativas poderiam haver? Como elas serviriam aos seus interesses?

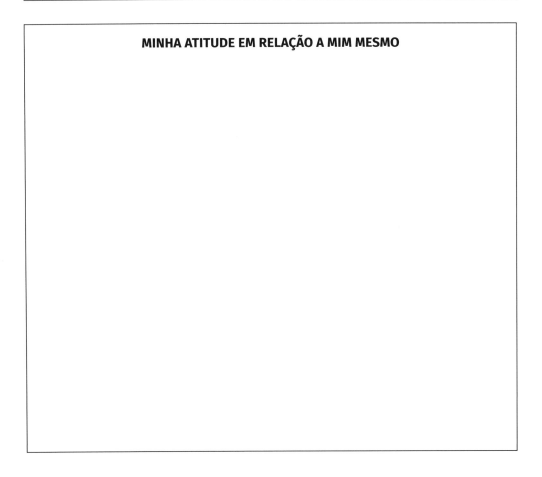

 EXEMPLO: planejando atividades alternativas prazerosas e necessárias

O próximo passo é planejar comportamentos ou atividades alternativos que possam ser úteis. Eles podem ser programados em momentos-chave para substituir comportamentos ou atividades menos úteis. Por exemplo:

> Jayashri identificou que, quando seu humor ficava deprimido à noite, ela costumava se isolar, ficando no banho por horas ou indo para a cama cedo. Ela se deu conta de que estava evitando passar tempo com Anish algumas noites e, ainda assim, nas ocasiões em que eles decidiam fazer algo juntos, seu humor geralmente melhorava muito.

> David descobriu que, quando ficava ansioso à noite, passava horas navegando na internet e acabava indo para a cama tarde, e não menos ansioso do que quando começou. Como resultado, ele frequentemente estava cansado no dia seguinte. Depois de completar o diário de atividades e do humor, ele decidiu prestar mais atenção ao seu uso da internet, refletir sobre seu humor e, então, fazer algo mais útil, como telefonar para um amigo para discutir o que estava em sua mente.

EXERCÍCIO. Identificando atividades alternativas prazerosas e necessárias

Primeiro, liste algumas atividades que geralmente são prazerosas e melhoram o humor: por exemplo, sair com amigos, nadar ou fazer uma caminhada, ler um livro, dar uma volta de bicicleta, ir a uma aula de dança, ou algo assim.

Em seguida, você precisará listar atividades que precisa fazer (ou poderia "fazer com esforço"), mas que podem não ser particularmente prazerosas para você – por exemplo, limpar a casa, pagar as contas ou trocar de fornecedor de serviços. Essas são coisas que você pode ter tido dificuldade para fazer, seja devido a falta de planejamento, motivação, tempo, energia, hábito ou tendências evitativas. Você pode incluir atividades que envolvam algumas das qualidades que listou como pontos fortes no Módulo 2.

ATIVIDADES PRAZEROSAS E NECESSÁRIAS

Atividades que geralmente são prazerosas

Atividades que são necessárias

✍️ **EXERCÍCIO.** Criando uma hierarquia de atividades prazerosas e necessárias

Depois de ter identificado atividades prazerosas e necessárias que você deseja fazer nos próximos dias, o próximo passo é colocá-las em ordem de dificuldade, da mais difícil à mais fácil. Fazer isso tornará mais fácil a tarefa de programar essas atividades na sua semana no próximo exercício.

CRIANDO UMA HIERARQUIA DE ATIVIDADES PRAZEROSAS E NECESSÁRIAS

Mais difícil

Dificuldade média

Mais fácil

EXERCÍCIO. Programando atividades prazerosas e necessárias

Usando o formato do diário na página 93, programe na sua semana algumas das atividades prazerosas e necessárias que acabou de escrever. Identifique horários, pessoas e locais específicos (o que, onde, quando e com quem) e misture coisas que você acha que poderiam trazer prazer (mas que não está fazendo) e outras que precisa fazer. Planeje isso de forma que a maior parte do seu tempo seja gasto nas atividades mais fáceis; inclua alguns itens de dificuldade média e pelo menos 1 ou 2 dos mais difíceis, conforme identificado na sua hierarquia de atividades prazerosas e necessárias. Pode ser que você consiga identificar horários específicos em que a realização dessas atividades provavelmente será mais útil do que fazer o que você normalmente ou habitualmente faria. Por exemplo, se você descobriu que muitas vezes se deita no sofá depois de um dia difícil e que isso piora seu humor, planeje uma atividade alternativa, uma que a experiência passada tenha lhe mostrado ser prazerosa ou capaz de proporcionar uma sensação de realização.

Realizando essas atividades na próxima semana

Durante as próximas 4 semanas, programe essas atividades no seu diário e registre se as realizou ou não. Registre também seu humor ou emoção durante a atividade. Esforce-se para fazer isso com um espírito aberto e de experimentação. Quando estiver realizando as atividades, uma boa ideia é mergulhar totalmente nelas, em vez de avaliar as atividades durante a sua execução.

MEU PROGRAMA DE ATIVIDADES PRAZEROSAS E NECESSÁRIAS

	Dia 1	Dia 2	Dia 3	Dia 4
Manhã O quê? Onde? Quem? Quando?				
Tarde O quê? Onde? Quem? Quando?				
Noite O quê? Onde? Quem? Quando?				

Reproduzido de *Experimentando a terapia cognitivo-comportamental de dentro para fora: um manual de autoprática/autorreflexão para terapeutas*, James Bennett-Levy, Richard Thwaites, Beverly Haarhoff e Helen Perry. Copyright 2015, The Guilford Press. A permissão para reprodução deste formulário é concedida aos compradores deste livro somente para uso pessoal. Os compradores podem fazer o *download* deste material na página do livro em loja.grupoa.com.br.

EXERCÍCIO. Revisando minhas atividades

Depois de ter usado o registro das atividades prazerosas e necessárias por 4 dias, reserve algum tempo para refletir sobre seu programa planejado. Depois complete o quadro a seguir.

REVISANDO MINHAS ATIVIDADES
Alguma coisa o surpreendeu? Você identificou algum padrão específico? Ou sucessos, por menores que sejam?
Comparando os últimos 4 dias com os primeiros 4 dias em que você apenas monitorou sua atividade e humor, há alguma diferença?
Houve momentos em que você achou que poderia fazer algo mais útil do que teria feito no passado?

PERGUNTAS AUTORREFLEXIVAS

Agora que você já teve a experiência de planejar e se engajar na ativação comportamental, é importante refletir sobre a experiência e o que pode aprender com ela.

_____
_____
_____
_____
_____
_____
_____
_____
_____
_____
_____

O que você percebeu em relação à experiência de monitoramento das suas atividades e emoções? Com que facilidade você conseguiu observar pensamentos, sensações corporais ou sentimentos no momento? Ou lembrou deles mais tarde?

_____
_____
_____
_____
_____
_____
_____
_____
_____
_____
_____

Você conseguiu identificar as vezes em que respondeu ao humor deprimido ou outras emoções difíceis com evitação ou comportamentos inúteis? Em caso afirmativo, como foi "descobrir" isso?

_____
_____
_____
_____
_____
_____
_____
_____
_____
_____
_____
_____

O que você percebeu sobre o processo de: (1) fazer uma lista de atividades prazerosas ou atividades que você pode estar evitando; e (2) planejar mudanças em seu comportamento para realizar essas atividades? Você conseguiu executar seus planos? Caso não tenha conseguido, que barreiras identificou?

_____
_____
_____
_____
_____
_____
_____
_____
_____
_____

Houve algo que o surpreendeu? A ativação comportamental foi difícil? Que fatores facilitaram ou dificultaram a atividade? (Como isso poderia ter sido diferente se você estivesse realmente deprimido?)

Você consegue lembrar de um dos seus clientes com quem teve dificuldades para "fazer avançar"? Há algo neste módulo que poderia explicar por que ele teve dificuldades para se engajar ou se beneficiar?

Você consegue pensar em pelo menos uma coisa que poderia fazer diferente com os clientes no futuro depois de ter experimentado a ativação comportamental de dentro para fora?

_____
_____
_____
_____
_____
_____
_____
_____
_____
_____
_____

Você aprendeu alguma coisa sobre si mesmo durante este módulo que gostaria de lembrar?

_____
_____
_____
_____
_____
_____
_____
_____
_____
_____
_____
_____

Módulo 4

Identificando pensamento e comportamento inútil

Fiquei impressionado com a força dos pensamentos automáticos e quão poderosas eram as reações emocionais. Também fiquei impressionado ao perceber que isso era algo que eu faço com tanta frequência com os clientes, mas não comigo mesmo. Eu teria ficado muito desconfortável se outra pessoa lesse isso... mas espero que os clientes façam isso livremente comigo como seu terapeuta. Falo sobre como pode ser difícil identificá-los e diferenciá-los, mas não sobre o processo de possivelmente se sentir embaraçado ou mesmo envergonhado por compartilhá-los.
 _ Participante de autoprática/autorreflexão (AP/AR)

Todos nós – clínicos e clientes – podemos nos enquadrar em padrões de pensamento e comportamento que mantêm nossas crenças e comportamentos inúteis e prolongam nossos problemas. Neste módulo, iniciamos focando a atenção em alguns pensamentos automáticos negativos específicos que surgem em situações desafiadoras. O termo "pensamentos automáticos" se refere ao fluxo de pensamentos e imagens que constantemente passam pelas nossas mentes, na maioria das vezes despercebidos. No entanto, podemos notá-los quando lhes damos atenção, como você deve ter visto no Módulo 2.

Os pensamentos automáticos negativos (PANs) desempenham um papel central no modelo clássico da terapia cognitivo-comportamental (TCC). Entende-se que eles exercem uma forte influência sobre as emoções e sensações corporais no aqui-e-agora, e desempenham um papel essencial na manutenção do comportamento. Muitas vezes, os PANs são idiossincrásicos, carregados de significados ou interpretações específicas para o indivíduo. Esses significados estão abertos a serem examinados. Frequentemente, os PANs são referidos como pensamentos "inúteis" para enfatizar seu papel na manutenção do problema. Como terapeutas da TCC, estamos particularmente interessados na *função* desses pensamentos e também no *conteúdo*. Na Parte II do livro, veremos níveis "mais profundos" de cognição (p. ex., pressupostos subjacentes) e como podemos criar formas de pensar mais úteis para incorporar *Novas Formas de Ser*.

Também neste módulo, voltamos nossa atenção para a identificação de *padrões* de pensamento subjacentes ou *estilos* de pensamento e comportamento (p. ex., evitação, atenção seletiva) que podem subverter nossas melhores intenções em várias situações. Esse foco "transdiagnóstico" reflete um crescente reconhecimento dentro da TCC dos pontos comuns entre os padrões subjacentes em diferentes diagnósticos e levou alguns escritores a desenvolver abordagens transdiagnósticas para avaliação e tratamento (ver Capítulo 2). Nesse contexto, iremos mapear os "ciclos de manutenção", outra forma de descrever e formular nossos problemas. Os ciclos de manutenção podem ilustrar fortemente como ficamos presos em círculos viciosos de pensamentos e comportamentos inúteis que servem para manter estados de humor e padrões comportamentais inúteis.

IDENTIFICANDO PANS

O objetivo do primeiro exercício é identificar e registrar seus PANs na situação problemática em 3 ou 4 ocasiões nos próximos dias. As instruções são as mesmas a cada vez, então elas são dadas apenas uma vez.

Um dos princípios-chave para identificar PANs é *Ser Específico*. Portanto, a instrução aqui, e para nossos clientes, é trazer à mente uma situação *específica* recente durante a qual você experimentou emoções moderadamente intensas (40-90%) relacionadas à sua área de dificuldade; em seguida, use um registro de pensamentos (exemplo a seguir) para anotar os detalhes. Se achar difícil captar as emoções e os pensamentos, você pode tentar usar a imaginação para ajudar a recordar: feche os olhos e imagine a situação com o máximo de detalhes possível. Para testar os pensamentos (como no Módulo 5), você deve transformar as perguntas em afirmações. Por exemplo, você substituiria "Por que sou tão desorganizado?" por "Sou tão desorganizado". Essa afirmação é testável agora, enquanto a pergunta não era.

Também pode ser útil "desvendar" o pensamento automático inicial para acessar significados mais fundamentais. Uma maneira de fazer isso é usar a técnica da "seta descendente". O objetivo dessa técnica é acessar significados mais profundos e "mais quentes" do pensamento automático, os quais muitas vezes estão ligados a emoções intensas. Acessar emoções intensas e "cognições quentes" é útil para facilitar a mudança terapêutica. Com a técnica da seta descendente, fazemos perguntas a nós mesmos para desvendar o significado dos pensamentos automáticos, por exemplo: "Se isso fosse verdade, o que significaria sobre mim?"; "O que isso diz sobre mim?"; "O que poderia acontecer no futuro?"; "Qual é a pior coisa que poderia acontecer?". O exemplo na página 101 demonstra como as perguntas da seta descendente podem ser usadas para acessar significados mais profundos.

EXEMPLO: uso de Jayashri da técnica da seta descendente

SITUAÇÃO

Observei meu humor decaindo significativamente durante uma sessão de supervisão enquanto minha supervisora e eu assistíamos a uma gravação de uma das minhas sessões recentes. Minha supervisora fez um comentário sobre meu estilo terapêutico, dizendo que eu era um pouco agitada e talvez pudesse ir mais devagar e demonstrar mais empatia.

PENSAMENTO INICIAL	PERGUNTA PARA AVALIAR SIGNIFICADOS OU INTERPRETAÇÕES MAIS PROFUNDAS
Ela acha que eu sou uma má terapeuta.	Se isso fosse verdade, o que isso diria sobre mim, sobre a minha vida ou sobre o meu futuro?
↓	
Estou aprendendo isso há mais de um ano e acho que jamais vou ser boa nisso. Nunca serei uma boa terapeuta.	Se isso fosse verdade, o que isso diria sobre mim, sobre a minha vida ou sobre o meu futuro?
↓	
Terei que desistir desse trabalho e procurar alguma outra coisa. Não sei mais o que fazer.	O que isso diria sobre mim?
↓	
Sou um fracasso, sou uma perdedora e nunca vou ter sucesso em nada.	

As perguntas da seta descendente permitiram que Jayashri compreendesse como ela estava fazendo previsões com base em um comentário da sua supervisora. Ela sabia que a sua reação emocional aos comentários iniciais tinha sido muito maior do que esperava, mas a seta descendente a ajudou a entender exatamente o porquê. Ela estava tirando conclusões precipitadas, prevendo o futuro e se autorrotulando. Esses são padrões de pensamento inúteis que serão discutidos posteriormente neste módulo. Não é de surpreender que ela tenha se sentido tão desanimada quando chegou a essa conclusão. Um ponto importante aqui é que a seta descendente revelou o padrão de pensamento de Jayashri – não o criou.

Ao usar essas perguntas consigo mesmo ou com os clientes, é importante não impor significados que não existem ou que não soam verdadeiros. O questionamento é usado de forma sutil e especulativa para tentar entender o significado dos pensamentos para aquela pessoa. Esse processo pode evocar emoções significativas, e usar essas perguntas com os clientes ou com você mesmo pode ser importante para reconhecer e permanecer com essas emoções de maneira receptiva e compassiva. E isso é algo que Jayashri achou difícil, daí o comentário da sua supervisora sobre seu "estilo agitado". Ela tendia a se apressar, indo de pensamento em pensamento sem reconhecer a profundidade da emoção que era evocada no cliente. Ela também percebeu que seguia um padrão semelhante ao observar os próprios pensamentos.

 EXERCÍCIO. Meu registro de pensamentos

Primeiro, veja como Jayashri preencheu seu registro de pensamentos.

> Um dos objetivos iniciais de Jayashri era tentar entender os padrões em que ela se enquadra como terapeuta, particularmente sua evitação das emoções intensas dos clientes. Durante a semana, ela teve alguns exemplos em que percebeu que estava entrando em um padrão familiar de comportamento que não era útil para o cliente. O registro de pensamentos preenchido na página 103 detalha sua experiência em uma de suas sessões. Durante a próxima semana, veja se você consegue completar dois registros de pensamentos para duas situações, usando os formulários nas páginas 104-105.

Experimentando a terapia cognitivo-comportamental de dentro para fora 103

REGISTRO DE PENSAMENTOS DE JAYASHRI

Situação desencadeante – onde, quando, a que horas, com quem, o que estava acontecendo? O desencadeante pode ser um pensamento intrusivo, uma sensação corporal, uma memória, um ruído ou um lembrete de algum tipo.	**Emoções** Cada emoção normalmente pode ser expressa em uma palavra, mas pode haver várias emoções. Classifique sua força no momento (0-100%).	**Pensamentos, imagens, memórias que passam pela sua mente na hora. Avalie sua crença nos pensamentos no momento (0-100%).** Desvende alguns significados dos pensamentos usando perguntas do tipo "seta descendente" para extrair crenças sobre si mesmo, sobre o mundo e sobre os outros. Por exemplo, "O que isso significaria sobre mim como pessoa, como amiga/mãe, etc.?", "O que é tão ruim a respeito disso?", "O que isso significa para a minha vida e meu futuro?", "Se outras pessoas soubessem, o que elas pensariam de mim?", "Qual é a pior coisa que poderia acontecer como resultado?".		
Na sessão com uma cliente com transtorno de pânico. Havíamos combinado de fazer um experimento de hiperventilação naquela sessão e, quando foi chegando a hora de fazer isso, percebi que estava me sentindo cada vez mais tensa.	*Ansiosa (65%) Preocupada (70%) Incomodada comigo mesma (85%)*	*Eu deveria fazer o experimento de hiperventilação nessa sessão, mas me sinto assustada. (75%) Sou uma má terapeuta. (80%) Vou fazer a cliente se sentir pior ou talvez até prejudicá-la. (70%)*		
Que pensamento parece estar relacionado a emoção mais intensa? *Sou uma má terapeuta.*				

MEU REGISTRO DE PENSAMENTOS

Situação desencadeante – onde, quando, a que horas, com quem, o que estava acontecendo? O desencadeante pode ser um pensamento intrusivo, uma sensação corporal, uma memória, um ruído ou um lembrete de algum tipo.	Emoções Cada emoção normalmente pode ser expressa em uma palavra, mas pode haver várias emoções. Classifique sua força no momento (0-100%).	Pensamentos, imagens, memórias que passam pela sua mente na hora. Avalie sua crença nos pensamentos no momento (0-100%). *Desvende alguns significados dos pensamentos usando perguntas do tipo "seta descendente" para extrair crenças sobre si mesmo, sobre o mundo e sobre os outros. Por exemplo, "O que isso significaria sobre mim como pessoa, como amiga/mãe, etc.?", "O que é tão ruim a respeito disso?", "O que isso significa para a minha vida e meu futuro?", "Se outras pessoas soubessem, o que elas pensariam de mim?", "Qual é a pior coisa que poderia acontecer como resultado?".*
Que pensamento parece estar relacionado a emoção mais intensa?		

MEU REGISTRO DE PENSAMENTOS

Situação desencadeante – onde, quando, a que horas, com quem, o que estava acontecendo? O desencadeante pode ser um pensamento intrusivo, uma sensação corporal, uma memória, um ruído ou um lembrete de algum tipo.	Emoções Cada emoção normalmente pode ser expressa em uma palavra, mas pode haver várias emoções. Classifique sua força no momento (0-100%).	Pensamentos, imagens, memórias que passam pela sua mente na hora. Avalie sua crença nos pensamentos no momento (0-100%). *Desvende alguns significados dos pensamentos usando perguntas do tipo "seta descendente" para extrair crenças sobre si mesmo, sobre o mundo e sobre os outros. Por exemplo, "O que isso significaria sobre mim como pessoa, como amiga/mãe, etc..?", "O que é tão ruim a respeito disso?", "O que isso significa para a minha vida e meu futuro?", "Se outras pessoas soubessem, o que elas pensariam de mim?", "Qual é a pior coisa que poderia acontecer como resultado?".*
Que pensamento parece estar relacionado a emoção mais intensa?		

Reproduzido de Experimentando a terapia cognitivo-comportamental de dentro para fora: um manual de autoprática/autorreflexão para terapeutas, James Bennett-Levy, Richard Thwaites, Beverly Haarhoff e Helen Perry. Copyright 2015, The Guilford Press. A permissão para reprodução deste formulário é concedida aos compradores deste livro somente para uso pessoal. Os compradores podem fazer o download deste material na página do livro em loja.grupoa.com.br.

PADRÕES E PROCESSOS DE PENSAMENTO E COMPORTAMENTO INÚTEIS

A segunda parte do módulo foca menos no conteúdo específico e mais nos padrões de pensamento e comportamento e nos processos subjacentes que estão mantendo seu problema desafiador. Os pesquisadores identificaram uma série de padrões e processos comuns, como fuga, evitação e comportamentos sutis de busca de segurança que podem fortalecer pensamentos inúteis e impedir qualquer nova aprendizagem. O efeito típico desses padrões subjacentes é nos manter "presos".

Ao abordarmos processos de pensamento e comportamento inúteis, nossa tarefa é ver se conseguimos reconhecer padrões gerais que estejam servindo para perpetuar nossos problemas. Os cinco padrões inúteis comumente identificados, descritos a seguir, são (1) vieses cognitivos, (2) atenção seletiva, (3) evitação ou fuga, (4) comportamentos de segurança específicos e (5) pensamento repetitivo inútil.

Vieses cognitivos

Todos nós somos propensos a vieses na forma como pensamos, assim como um filtro de câmera enviesa o que é fotografado através das lentes. Os vieses cognitivos incluem catastrofização, maximização ou minimização, pensamento do tipo tudo ou nada, personalização (culpar-se), leitura mental, adivinhação, supergeneralização, ver as emoções como fatos, rotulagem e desqualificação do positivo. Todos nós temos vieses "favoritos" e muitas vezes nos "especializamos" em um ou dois deles em diferentes momentos ou em diferentes estados de humor. O quadro a seguir descreve os vieses cognitivos mais comuns e fornece exemplos de como eles podem funcionar na vida real.

VIESES COGNITIVOS COMUNS

Catastrofização
Presumir o pior. Muitas vezes, as pessoas seguem uma cadeia de pensamentos que leva de uma informação levemente negativa ou neutra para o cenário mais pessimista (isso pode ser verbalmente ou na forma de imagens). Por exemplo:

Minha chefe consultou meu formulário de despesas, ela deve achar que eu estou tentando fraudar a organização. Vou ser demitido. Vou perder meu registro profissional e ficarei desempregado. Nunca mais vou trabalhar e minha esposa vai me deixar. Meus filhos vão ficar muito envergonhados.

Maximização ou minimização
Exagerar em relação à importância de um evento negativo e/ou subestimar a importância de um evento positivo. Por exemplo:

Na verdade, consegui falar com alguns colegas no meu novo emprego. Eles me convidaram para sair com eles na noite de Natal. Eu não fui muito interessante quando conversei com eles e provavelmente tenha gaguejado um pouco. Isso significa que eles jamais vão me aceitar como colega.

Pensamento do tipo tudo ou nada
Lidar com as coisas como uma coisa ou outra, sem a capacidade de ver a área cinza intermediária. Por exemplo:

Sei que sou perfeccionista, mas não quero mudar porque ou me asseguro de fazer tudo perfeitamente o tempo todo, ou vou acabar fazendo as coisas não tão bem e estragar tudo.

Personalização (culpar-se)
Assumir a responsabilidade por um desfecho que, na verdade, foi resultado de uma série de fatores. Por exemplo:

A festa do trabalho foi realmente sem graça e havia uma atmosfera estranha. Aquilo foi culpa minha porque fui eu quem escolheu o restaurante. Eu realmente estraguei a noite de todos.

Leitura mental
Presumir que você sabe o que outras pessoas estão pensando, o que, às vezes, pode ser uma intepretação muito negativa do que os outros estão realmente pensando. Por exemplo:

Quando minha supervisora assistiu à minha gravação e viu que eu havia deixado passar uma resposta importante do meu cliente, ela pensou que eu era um profissional incompetente, talvez até que eu deveria ser expulso.

Adivinhação
É semelhante à leitura mental, na medida em que envolve uma suposição de que a sua crença é correta, sem que você realmente esteja em posição de saber. Neste caso, refere-se a pensar que você sabe como as coisas serão no futuro. Por exemplo:

Quando eu conhecer os pais do meu parceiro, eles não vão gostar de mim e certamente vão se perguntar por que ele está comigo.

Supergeneralização
Basear sua crença sobre algo (muitas vezes, sobre si mesmo) em uma pequena evidência percebida. Por exemplo:

Não consigo nem mesmo fazer um churrasco no domingo sem queimá-lo, jamais serei um bom terapeuta ou um bom pai. Sou um desastre em tudo o que tento fazer.

Rotulagem
Fazer um julgamento global sobre si mesmo ou sobre os outros com base em uma informação, como, por exemplo, um único comportamento. Esta é uma forma extrema de pensamento do tipo tudo ou nada ou generalização. Por exemplo:

Esqueci do aniversário da minha esposa, sou um fracassado. Sou uma pessoa desagradável e descuidada.

Desqualificação do positivo
Ignorar ou subestimar a importância de um evento positivo ou transformar seu significado. Por exemplo:

Sei que a minha colega me deu um cartão de Natal pela primeira vez este ano, mas acho que ela só está sendo gentil comigo para obter benefícios e, então, poder me pedir para cobri-la no próximo verão.

 EXERCÍCIO. Meus vieses cognitivos

Algum deles é reconhecível como um estilo de pensamento que você está usando com o seu problema? Anote quaisquer vieses, juntamente com um exemplo de cada, se possível.

MEUS VIESES COGNITIVOS
1.
2.
3.

Atenção seletiva

Seus problemas estão sendo exagerados por prestar atenção seletivamente a apenas um aspecto da situação? Onde sua atenção normalmente é focada quando você está enfrentando o problema – internamente (p. ex., em sensações corporais intensas ou "falhas de memória") ou externamente (p. ex., prestando atenção a sinais de perigo em vez de dicas de segurança)? Por exemplo:

> David olhava atentamente as pessoas para tentar detectar sinais de que elas estavam entediadas com ele. Ele interpretava alguém bocejando como significando que essa pessoa estava entediada, em vez de apenas cansada.
>
> Jayashri desenvolveu um programa de habilidades de comunicação para os clientes. Ela recebeu um ótimo *feedback* de quase todos, mas acabou focando em um ou dois *feedbacks* levemente negativos em meio ao mar de elogios e reconhecimento.

 EXERCÍCIO. Minha atenção seletiva

MINHA ATENÇÃO SELETIVA

Onde sua atenção está focada (p. ex., sensações internas/externas, cognições/emoções/sensações corporais)?

Qual é o impacto da atenção seletiva na sua experiência do seu problema?

Comportamentos de evitação e fuga

Existem coisas que você está evitando em relação ao seu problema identificado? Você está evitando fazer certas coisas? Pensando sobre as coisas? Ou emoções ou sensações desagradáveis?

> Jayashri percebeu que estava evitando situações que poderiam levar os clientes a experimentarem emoções significativas – por exemplo, fazer um experimento de hiperventilação. Ela também notou que estava tentando fugir de tais situações quando elas ocorriam, mudando o foco da sessão para algo menos emocional.

 EXERCÍCIO. Meus comportamentos de evitação e fuga

MEUS COMPORTAMENTOS DE EVITAÇÃO E FUGA

Registre seus comportamentos de evitação ou fuga.

Qual é seu impacto?

Comportamentos de busca de segurança

Comportamentos de busca de segurança são comportamentos em que você se engaja para evitar que aconteça um mau resultado ou catástrofe imaginária. Na verdade, eles nos impedem de descobrir o que teria acontecido se não tivéssemos nos engajado no comportamento de busca de segurança. Embora evitação e fuga possam ser vistas como comportamentos de busca de segurança gerais, as pessoas costumam usar esses comportamentos *in situ* específicos que podem ter um efeito semelhante, embora pareçam mais sutis. Por exemplo, um cliente com transtorno de pânico pode achar que vai ter um ataque cardíaco depois de perceber um batimento cardíaco acelerado. Ele se senta (comportamento de busca de segurança) e não tem o temido ataque cardíaco, mas esse desfecho pode simplesmente fortalecer sua crença de que foi o fato de ter se sentado que evitou a catástrofe.

> Shelly estava se preparando excessivamente para todas as sessões e se mantinha convencida de que, sem a preparação, a sessão fracassaria e a sua incompetência seria revelada para todos.

 EXERCÍCIO. Meus comportamentos de busca de segurança

MEUS COMPORTAMENTOS DE BUSCA DE SEGURANÇA

Há coisas que você esteja fazendo para evitar que o pior aconteça (p. ex., na supervisão, minimizando os problemas vivenciados com os clientes para evitar ser criticado)? Registre a seguir os comportamentos de busca de segurança.

Qual é seu impacto?

Pensamento repetitivo inútil (ruminação, preocupação, pensamento obsessivo)

Você está constantemente revivendo situações passadas na sua mente? Você percebe que está se preocupando com seu problema mais do que o necessário? Você está sendo um pouco obsessivo sobre o problema ou ficando muito nervoso e muito detalhista? Quão útil é isso?

> Jayashri percebeu que estava ruminando sobre sua falha em permanecer com a emoção nas sessões. Os pensamentos andavam em círculos na sua cabeça quando ela se criticava. Ela tentava encontrar respostas, mas continuava perdida em um ciclo de preocupação e autoacusação.

 EXERCÍCIO. Meu pensamento repetitivo inútil

MEU PENSAMENTO REPETITIVO INÚTIL

Registre suas tendências voltadas para pensamento repetitivo inútil. Quais são alguns dos seus ciclos típicos?

O quanto essas tendências são úteis ou disruptivas?

CICLOS DE MANUTENÇÃO

Uma das maneiras mais efetivas de formular os problemas dos clientes (ou os seus) em TCC é reunir os elementos que discutimos até aqui neste módulo e mapeá-los em ciclos de manutenção. Ciclos de manutenção são representações gráficas de como emoções, comportamentos inúteis, pensamentos e crenças negativas, padrões de pensamento (mantidos por problemas com o processamento das informações – p. ex., vieses cognitivos) e sensações corporais alimentam uns aos outros. Os ciclos de manutenção assumem muitas formas e frequentemente são idiossincrásicos para o cliente (ou para nós mesmos). Eles precisam ser construídos individualmente com o uso de pensamentos, emoções e comportamentos específicos, e podem nos ajudar a planejar intervenções. Você pode ver alguns exemplos a seguir e na página 114.

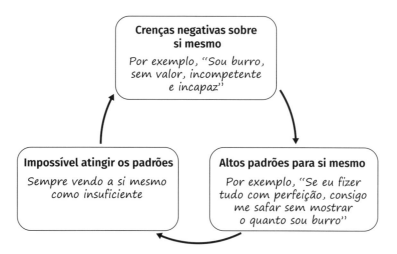

EXEMPLO 1. Ciclo de manutenção para perfeccionismo.

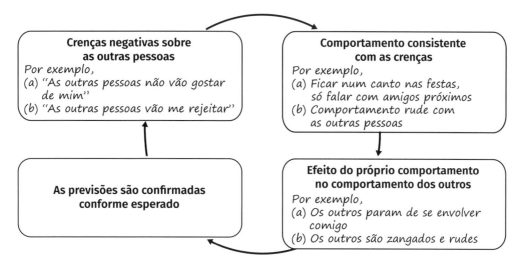

EXEMPLO 2. Ciclo de manutenção para profecias autorrealizadas.

EXEMPLO 3. Ciclo de manutenção para atividade reduzida e afastamento.

 EXEMPLO: ciclo de manutenção de Jayashri

Jayashri identificou que ficava ansiosa ao evocar emoção nas sessões devido à sua crença de que isso a tornaria uma "má pessoa" por perturbar seus clientes. No entanto, ela também sabia que, muitas vezes, evocar emoção é importante e necessário para ser efetivo. Esse conflito entre sua crença inútil e útil piorou a situação, fazendo com que ela se sentisse frustrada e irritada consigo mesma.

Ela o mapeou conforme apresentado a seguir.

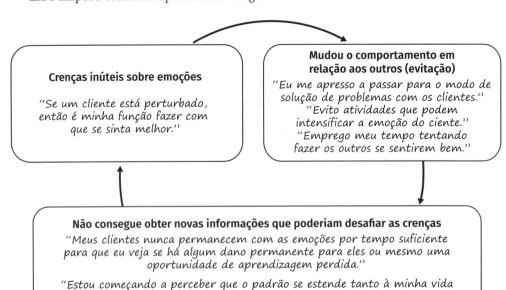

Ciclo de manutenção de Jayashri

Ao criar a formulação do seu ciclo de manutenção, Jayashri começou a perceber que se ela continuasse a se comportar nas sessões como estava fazendo atualmente, não havia como aprender qualquer coisa nova ou desafiar suas crenças em torno da emoção dos clientes.

Foi ainda mais surpreendente perceber que esse padrão estava limitando não apenas sua eficácia terapêutica, mas também fazia parte de um padrão mais amplo que tinha implicações para a sua vida pessoal. Esse era um padrão que ela exibia com seus amigos, familiares e com o parceiro.

 EXERCÍCIO. Identificando meus ciclos de manutenção

Mapeie um ou mais ciclos de manutenção que resumam seu problema no quadro na página 116.

MEUS CICLOS DE MANUTENÇÃO

PERGUNTAS AUTORREFLEXIVAS

O que você observou sobre sua experiência na identificação de pensamentos automáticos negativos? Foi fácil ou difícil? O quanto você acreditou nos pensamentos? Houve alguma diferença no seu nível de crença em um "nível visceral" ou em um "nível racional"?

_____
_____
_____
_____
_____
_____
_____
_____
_____
_____

Depois de ter identificado seus próprios PANs, isso influencia como você pode trabalhar com os clientes para ajudá-los a identificar seus PANs? Como você poderia adaptar ou mudar a sua lógica habitual? O que você acha que seria importante que eles soubessem com antecedência (p. ex., solução de problemas antecipada)?

_____
_____
_____
_____
_____
_____
_____
_____
_____
_____

Você conseguiu mapear um ciclo (ou mais) de manutenção pessoal? Você aprendeu algo com essa experiência? Houve alguma surpresa?

Pense nos seus casos atuais e lembre-se de um dos clientes com quem está tendo mais dificuldade. Como os ciclos de manutenção que você identificou em si mesmo podem afetar sua atitude e/ou comportamento com esse cliente em particular?

Qual seria a melhor forma de apresentar a ideia dos ciclos de manutenção aos seus clientes? Quais seriam as melhores formas de desenvolvê-los durante o curso do tratamento?

Quais são as principais coisas que você aprendeu durante este módulo que gostaria de lembrar?

Módulo 5

Usando técnicas cognitivas para modificar pensamentos e comportamento inúteis

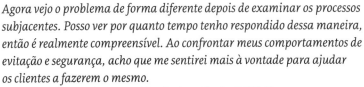

Agora vejo o problema de forma diferente depois de examinar os processos subjacentes. Posso ver por quanto tempo tenho respondido dessa maneira, então é realmente compreensível. Ao confrontar meus comportamentos de evitação e segurança, acho que me sentirei mais à vontade para ajudar os clientes a fazerem o mesmo.
_ Participante de autoprática/autorreflexão (AP/AR)

Neste módulo, você vai começar a modificar alguns dos pensamentos, padrões e processos de pensamento e comportamento que identificou e mapeou nos ciclos de manutenção no Módulo 4. Este módulo se concentra no uso do questionamento socrático, a "pedra angular" da terapia cognitivo-comportamental (TCC), para explorar suas ideias e ações. A seguir, fornecemos vários exemplos de perguntas socráticas úteis. Em alguns casos, essas perguntas podem ser usadas mais ou menos como são apresentadas para testar seus pensamentos. Em outros casos, você pode precisar adaptá-las ao contexto específico dos pensamentos ou dos processos subjacentes que pretende mudar.

EXEMPLOS DE PERGUNTAS SOCRÁTICAS

- Estou focando em apenas um aspecto? No que mais posso focar?
- Há algo mais que possa incluir na minha perspectiva das coisas? Por exemplo: qual poderia ser a visão de outra pessoa, e ela teria alguma validade?
- O que um amigo calmo, compassivo e racional, um ente querido ou alguém que eu admiro poderia dizer sobre isso?
- O que eu diria a um amigo que estivesse nessa situação?
- O que estou negligenciando aqui? Estou ignorando informações que contradizem isso?
- Eu tenho pontos fortes que poderia usar aqui e que estou ignorando?

- Quais são os custos e os benefícios de pensar nisso/evitar isso? O quanto é útil? O que aconteceria se eu realmente fizesse o que estou evitando ou enfrentasse os pensamentos que venho evitando? Isso seria tão ruim assim? Quão ruim seria?
- É útil continuar pensando/me preocupando/ruminando sobre isso? O que eu poderia fazer que seria mais útil?
- Que recursos ou pontos fortes eu tenho que podem me ajudar a lidar com isso?
- Fazer _____ [comportamento de busca de segurança] realmente impede que _____ [o pior] aconteça? O que realmente aconteceria se eu parasse de fazer isso?
- Tenho tirado conclusões precipitadas que não são completamente justificadas?
- Como eu poderia usar o que aprendi com experiências anteriores parecidas em que as coisas deram certo para modificar a minha visão sobre isso?
- Estou assumindo a culpa por algo que não é (totalmente) minha culpa ou sobre o qual não tenho controle?
- Posso ver um atalho para uma visão alternativa do(s) meu(s) pensamento(s) "enviesado(s)" (simplesmente reconhecendo o viés negativo que tenho usado)?
- Quais *insights* obtive com o mapeamento dos meus ciclos de manutenção que me fornecem pistas sobre como ou onde posso intervir para resolver meu problema?

Dando prosseguimento ao Módulo 4, este módulo continua a focar nos pensamentos automáticos negativos (PANs) e nos padrões e processos subjacentes. Na primeira parte do módulo, você irá elaborar ou adaptar as perguntas socráticas para testar alguns dos seus PANs. Na segunda parte do módulo, as perguntas socráticas são usadas para modificar padrões e processos subjacentes.

MODIFICANDO O CONTEÚDO DOS PENSAMENTOS: USANDO REGISTROS DE PENSAMENTOS PARA TESTAR PANS

Uma das primeiras tarefas neste módulo é praticar a modificação do *conteúdo* dos pensamentos usando perguntas socráticas.

 EXERCÍCIO. Usando um registro de pensamentos para testar PANs

Na parte superior do formulário na página 124, identifique um PAN relacionado ao seu problema. Pode ser um dos PANs que você identificou no Módulo 4, ou pode ser outro. Use as perguntas socráticas para testar o pensamento. Em seguida, veja se consegue preencher um segundo registro de pensamentos (na página 125) para um pensamento diferente durante a semana. Você pode ver como Jayashri preencheu seu registro de pensamentos na página 123.

REGISTRO DE PENSAMENTOS DE JAYASHRI PARA TESTAR PANs

Escreva o pensamento para testar e avalie a crença:
Sou uma má terapeuta. Crença: 80%
Emoção/humor associado e intensidade (0-100%): Ansiedade: 80% Culpa: 70%

Que ideias ou evidências me levaram a essa conclusão?	Que evidências não apoiam isso?	Perspectiva modificada/ visão mais equilibrada (O quanto acredito nela: 0-100%?)	Avaliação da emoção agora (0-100%)
Não tenho certeza. Sempre que sinto que um cliente está começando a ficar chateado, me sinto mal e começo a me julgar. Hum... isso não é realmente uma evidência, é?	Todas as evidências mostram que os clientes precisam experimentar a emoção para aprenderem efetivamente. Também sei disso racionalmente. Nas raras ocasiões em que encorajei os clientes a permanecerem com suas emoções, eles sempre me disseram que aquilo foi incrivelmente útil. Recebo um bom feedback dos clientes, mesmo que eu ignore isso com muita facilidade. Meu supervisor acha que sou muito boa, de um modo geral.	Acho que tenho usado a emoção como evidência para apoiar meu pensamento sem perceber. Eu recebo um bom feedback dos clientes e do meu supervisor, na maior parte do tempo. Isso está começando a ter cheiro de "raciocínio emocional". 20%	Ansiedade: 40% Culpa: 20%

Experimentando a terapia cognitivo-comportamental de dentro para fora 123

MEU REGISTRO DE PENSAMENTOS PARA TESTAR PANs

Escreva o pensamento para testar e avalie a crença:

Emoção/humor associado e intensidade (0-100%):

Que ideias ou evidências me levaram a essa conclusão?	Que evidências não apoiam isso?	Perspectiva modificada/visão mais equilibrada (O quanto acredito nela: 0-100%?)	Avaliação da emoção agora (0-100%)

Reproduzido de *Experimentando a terapia cognitivo-comportamental de dentro para fora: um manual de autoprática/autorreflexão para terapeutas*, James Bennett-Levy, Richard Thwaites, Beverly Haarhoff e Helen Perry. Copyright 2015, The Guilford Press. A permissão para reprodução deste formulário é concedida aos compradores deste livro somente para uso pessoal. Os compradores podem fazer o *download* deste material na página do livro em loja.grupoa.com.br.

MEU REGISTRO DE PENSAMENTOS PARA TESTAR PANs

Escreva o pensamento para testar e avalie a crença:

Emoção/humor associado e intensidade (0-100%):

Que ideias ou evidências me levaram a essa conclusão?	Que evidências não apoiam isso?	Perspectiva modificada/visão mais equilibrada (O quanto acredito nela: 0-100%?)	Avaliação da emoção agora (0-100%)

Reproduzido de *Experimentando a terapia cognitivo-comportamental de dentro para fora: um manual de autoprática/autorreflexão para terapeutas*, James Bennett-Levy, Richard Thwaites, Beverly Haarhoff e Helen Perry. Copyright 2015, The Guilford Press. A permissão para reprodução deste formulário é concedida aos compradores deste livro somente para uso pessoal. Os compradores podem fazer o *download* deste material na página do livro em loja.grupoa.com.br.

ABORDANDO PADRÕES SUBJACENTES PROBLEMÁTICOS COM QUESTIONAMENTO SOCRÁTICO

No módulo anterior, você identificou exemplos de padrões de pensamento e comportamento que estavam ocorrendo no contexto do seu problema desafiador; você também identificou alguns ciclos de manutenção, que demonstraram como esses padrões podem estar mantendo o problema. Neste módulo, usamos o questionamento socrático para explorar ainda mais os padrões a fim de alterá-los.

A seguir, apresentamos exemplos dos estilos de pensamento e padrões de comportamento de Shelly. Esses exemplos também incluem perguntas socráticas úteis que ela usou para explorar seus padrões subjacentes. Após os exemplos, você terá a oportunidade de retornar aos seus próprios exemplos anteriores (e/ou adicionar novos) e usar o questionamento socrático – a partir da lista no início do módulo ou, melhor ainda, elaborando a sua – para começar a alterá-los.

Vieses cognitivos

 EXEMPLO: viés cognitivo de Shelly

> **Meu pensamento/processo/viés identificado:** *Estou concluindo de forma precipitada que meu cliente acha que sou inútil porque sou 20 anos mais jovem que ele.*
>
> **As perguntas socráticas que escolhi:** *Qual é a evidência para essa visão? Em que estou me baseando? Existe uma explicação alternativa?*
>
> **Minha resposta:** *Em vez de fazer leitura mental, eu poderia falar com meu cliente sobre o comentário que ele fez (sobre a minha idade) e ver como podemos resolver quaisquer preocupações que ele possa ter (caso tenha).*

 **EXERCÍCIO.** Meu viés cognitivo

> **Meu pensamento/processo/viés identificado:**
>
>
> **As perguntas socráticas que escolhi:**
>
>
> **Minha resposta:**

Atenção seletiva

 EXEMPLO: atenção seletiva de Shelley

Meu pensamento/processo/viés identificado: *Estou focando em um comentário feito em uma sessão de que me pareço com a filha dele.*

As perguntas socráticas que escolhi: *O que estou negligenciando aqui? Estou ignorando informações que contradizem isso?*

Minha resposta: *Nas duas últimas sessões, trabalhamos muito bem juntos e sua depressão melhorou. Continuo focando em seu comentário e em seu significado quando isso não parece ser um problema para ele.*

 EXERCÍCIO. Minha atenção seletiva

Meu pensamento/processo/viés identificado:

As perguntas socráticas que escolhi:

Minha resposta:

Evitação ou fuga (cognitiva ou comportamental)

 EXEMPLO: evitação ou fuga de Shelly

> **Meu pensamento/processo/viés identificado:** *Ainda encontro maneiras de evitar atender pessoas mais velhas. Quanto mais velhas elas são, mais propensão elas têm de comentar sobre a minha idade e é menos provável que eu seja capaz de ajudá-las.*
>
> **As perguntas socráticas que escolhi:** *Que efeito evitar atender clientes mais velhos tem sobre mim e sobre minha ansiedade em ajudar esses clientes? Que preço eu pago por isso?*
>
> **Minha resposta:** *Só está piorando. No fundo, sei que isso está se tornando parte do problema, em vez de ser uma solução a longo prazo. Também é desproporcional em comparação com a minha preocupação inicial! Preciso "arriscar" e atender o maior número possível de pessoas mais velhas.*

 EXERCÍCIO. Minha evitação ou fuga

> **Meu pensamento/processo/viés identificado:**
>
>
>
>
> **As perguntas socráticas que escolhi:**
>
>
>
>
> **Minha resposta:**

Comportamentos de busca de segurança específicos

 EXEMPLO: comportamentos de busca de segurança específicos de Shelly

> **Meu pensamento/processo/viés identificado:** *Percebi que me preparo excessivamente para quase todas as minhas sessões. Se eu não passar um tempo extra me certificando de que todas as minhas sessões são planejadas em detalhes, serei "descoberta".*
>
> **As perguntas socráticas que escolhi:** *Que informações realmente apoiam essa ideia de que não sou eficaz no meu papel? Já tive esse pensamento anteriormente em outras áreas da minha vida?*
>
> **Minha resposta:** *Estou confusa porque não consigo pensar em nenhuma evidência de que não estou fazendo um bom trabalho. Penso nisso sempre que sou posta à prova – na graduação, no time de hóquei, apresentando tutoriais. Preciso parar de me preparar excessivamente para que eu possa testar se posso me sair bem sem passar horas e horas me preocupando antecipadamente.*

 EXERCÍCIO. Meus comportamentos de busca de segurança específicos

> **Meu pensamento/processo/viés identificado:**
>
>
> **As perguntas socráticas que escolhi:**
>
>
> **Minha resposta:**

Pensamento repetitivo inútil (ruminação, preocupação, pensamento obsessivo)

 EXEMPLO: pensamento repetitivo inútil de Shelly

Meu pensamento/processo/viés identificado: *Estou ruminando sobre esse problema todos os dias, e já se passaram três semanas. Talvez esta seja apenas uma maneira de não enfrentar meus pensamentos de que jamais serei uma terapeuta eficiente.*

As perguntas socráticas que escolhi: *É útil continuar pensando/me preocupando/ruminando sobre isso? O que eu poderia fazer que seria mais útil? O problema é a minha incompetência ou minha preocupação sobre a minha incompetência?*

Minha resposta: *Vou focar na minha terapia com ele e fazer um registro de pensamentos sobre o meu pensamento de que sou uma terapeuta inútil.*

 EXERCÍCIO. Meu pensamento repetitivo inútil

Meu pensamento/processo/viés identificado:

As perguntas socráticas que escolhi:

Minha resposta:

FORMULAÇÃO DO PROBLEMA INCLUINDO FATORES DE VULNERABILIDADE E PADRÕES SUBJACENTES

Agora podemos criar um diagrama da formulação que se baseia em formulações anteriores (o modelo de cinco partes e processos de manutenção), acrescentando fatores históricos/de vulnerabilidade que estão encapsulados na pergunta "O que me deixou vulnerável antes de tudo?". Ao pensar sobre os fatores de vulnerabilidade, também pode ser relevante levar em consideração as influências culturais e religiosas/espirituais, como você fez na sua primeira formulação de problema no Módulo 2. Quando considerar "O que tenho a meu favor?", é pertinente lembrar dos pontos fortes pessoais que também podem ter uma dimensão cultural e/ou religiosa/espiritual.

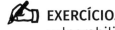 **EXERCÍCIO.** Minha formulação do problema incluindo fatores de vulnerabilidade, padrões subjacentes e pontos fortes

Veja como Jayashri preencheu sua formulação expandida, incluindo os fatores de vulnerabilidade, desencadeantes e ciclos de manutenção, na página 132.

Agora complete o diagrama da formulação expandida do problema para si mesmo na página 133. Inclua seus próprios fatores de vulnerabilidade, pontos fortes, ciclos de manutenção e padrões subjacentes.

FORMULAÇÃO DO PROBLEMA DE JAYASHRI, INCLUINDO OS FATORES DE VULNERABILIDADE E PADRÕES SUBJACENTES

O que me deixou vulnerável antes de tudo?

Uma forte mensagem cultural da minha família de que expressar emoção era vergonhoso.
A cultura dentro da minha família de que as mulheres eram responsáveis por cuidar e ajudar as pessoas a se sentirem melhor.

O que desencadeou o problema?

Estar em uma sessão e saber que eu "deveria" estar realizando uma tarefa que levará o cliente a se sentir muito angustiado.

O problema

Pensamentos: Sou uma má terapeuta.

Sensações corporais: Tensão no pescoço e nas costas, o corpo todo parece "rígido", dor no estômago.

Emoções: Ansiosa, assustada, desconfortável.

Comportamentos: Trabalhar com o cliente e concentrar-se em outras tarefas que envolvem menos.

O que mantém o problema?
Inclua padrões subjacentes e processos que motivam seu pensamento ou comportamento problemático.

Catastrofização! Tenho uma imagem de uma pessoa angustiada, incontrolavelmente angustiada e isso não acaba. Acredito que isso seja verdade e, assim, aumento minha ansiedade.

Evitação cognitiva: tento calar esses pensamentos em vez de trabalhá-los e, desse modo, mantenho uma sensação de medo e desconforto constantes.

Evitação na sessão: evito tarefas que evocam ou mantêm o sofrimento dos clientes para que eu não tenha chance de comprovar que normalmente é mais útil para o progresso do cliente permanecer com a angústia e trabalhá-la.

O que tenho a meu favor: pontos fortes que posso usar para contribuir positivamente para o problema ter andamento?

Trabalho duro – Quando sei o que preciso fazer, eu sempre faço.

Insight – Em algum nível, eu sei o que preciso fazer aqui, só preciso ter mais clareza.

Honestidade – Especialmente comigo mesma em relação aos pontos fracos. Posso ser calorosa e receptiva com os clientes, preciso aplicar isso a mim mesma.

FORMULAÇÃO DO MEU PROBLEMA, INCLUINDO OS FATORES DE VULNERABILIDADE E PADRÕES SUBJACENTES

O que me deixou vulnerável antes de tudo?

O problema

Pensamentos:

Sensações corporais:

Emoções:

Comportamentos:

O que desencadeou o problema?

O que mantém o problema? Inclua padrões subjacentes e processos que motivam seu pensamento ou comportamento problemático.

O que tenho a meu favor: pontos fortes que posso usar para contribuir positivamente para o problema ter andamento?

Reproduzido de *Experimentando a terapia cognitivo-comportamental de dentro para fora: um manual de autoprática/autorreflexão para terapeutas*, James Bennett-Levy, Richard Thwaites, Beverly Haarhoff e Helen Perry. Copyright 2015, The Guilford Press. A permissão para reprodução deste formulário é concedida aos compradores deste livro somente para uso pessoal. Os compradores podem fazer o *download* deste material na página do livro em loja.grupoa.com.br.

PERGUNTAS AUTORREFLEXIVAS

Comente sobre o processo de testar seus pensamentos usando o registro de pensamentos. Elabore sobre quaisquer dificuldades. O processo foi útil/inútil? A perspectiva modificada foi convincente? No nível racional – e também no nível visceral (ou não)?

Você observou alguma mudança no seu pensamento ao fazer o exercício do registro de pensamentos? O que você precisaria incorporar à sua vida pessoal ou profissional para ajudá-lo a manter sua nova maneira de pensar? (Que situações mais desafiariam isso?)

Comente sobre o uso de perguntas socráticas para avaliar os padrões problemáticos subjacentes. O quanto isso foi útil? Por quê? Ou, por que não foi útil? Houve algum tipo específico de pergunta socrática que poderia ser útil para você e suas formas de pensar no futuro?

_____
_____
_____
_____
_____
_____
_____
_____
_____
_____
_____
_____

Voltando ao cliente que você identificou como lhe trazendo dificuldades no último módulo: se você conseguir modificar seu próprio ciclo de manutenção pessoal, como isso afetará a sua atitude ou abordagem desse cliente particular? O que você irá fazer de diferente nas suas sessões? Como será isso?

_____
_____
_____
_____
_____
_____
_____
_____
_____
_____
_____
_____

O que você aprendeu sobre si mesmo como pessoa e como terapeuta ao completar o diagrama da formulação expandida do problema? Houve surpresas?

Você identificou influências culturais ou religiosas/espirituais? Você pode descrevê-las e comentar sobre o quanto elas podem ter sido influentes.

Há mais alguma coisa que você notou e acha que poderia ser importante lembrar e retomar mais tarde?

Módulo 6
Revisando o progresso

Aprendi muito com este módulo e sinto muita empatia pelos clientes que realmente têm dificuldades para persistir no tratamento. O módulo destacou a importância da continuidade e de sessões regulares — depois que o entusiasmo se vai, é muito difícil retomá-lo. Agora tenho uma experiência que posso compartilhar com os clientes quando a continuidade ficar difícil para eles... e certamente farei uma revisão mais regular dos objetivos e das avaliações dos objetivos com os clientes.
   _ Participante de AP/AR

Agora você está na metade do caminho do livro de autoprática/autorreflexão (AP/AR). Completar o livro é, às vezes, difícil, já que o processo de prestar atenção em pensamentos e sentimentos difíceis pode ser exigente e cansativo. Todos nós temos uma gama de demandas competindo pelo nosso tempo, e até mesmo coisas que são importantes podem ser passadas para o final na lista de prioridades. Sabemos que, mesmo com as melhores intenções, as pessoas podem abandonar a AP/AR, assim como os clientes podem se esforçar para se manter no curso da terapia. Este módulo visa examinar onde você se encontra na AP/AR até o momento e lhe dá a oportunidade de retomar o foco se teve dificuldade para se engajar tanto quanto gostaria. Além de considerar fatores em torno do seu engajamento com os exercícios, este módulo também é um momento oportuno para considerar as questões mais abrangentes envolvidas na prática da terapia cognitivo-comportamental (TCC) consigo mesmo.

REVISÃO DOS OBJETIVOS

Primeiramente, é importante que você se lembre dos objetivos que definiu no começo deste livro. Este lembrete irá ajudá-lo a retomar o foco da sua atenção e a permitir que você revise seus objetivos e identifique algum bloqueio para atingi-los.

 **EXERCÍCIO.** Revisando meus objetivos

Traga à mente o exercício de imaginação de definição dos objetivos que você realizou no módulo 2 e seus objetivos SMART refinados. Complete o formulário na página 138.

REVISANDO MEUS OBJETIVOS

	Objetivo 1	Objetivo 2
Comente sobre seu progresso em cada objetivo geral e em relação aos prazos que você definiu para si mesmo. Eles são tão realistas e atingíveis quanto você pensou originalmente? Eles são mensuráveis?		
Identifique os entraves para atingir seus objetivos: • Fatores internos (p. ex., insegurança, baixa motivação, antigos padrões de procrastinação, autocrítica) • Fatores externos sobre os quais você tem algum controle (p. ex., negócios, demandas familiares) • Fatores externos fora do seu controle		
Você conseguiu prever os entraves no módulo 2? As estratégias que você desenvolveu foram adequadas? O que você pode fazer para contornar esses entraves? Você precisa adaptar seus objetivos?		
Refine ou reescreva seus objetivos quando necessário à luz desta revisão.		

Reproduzido de *Experimentando a terapia cognitivo-comportamental de dentro para fora: um manual de autoprática/autorreflexão para terapeutas*, James Bennett-Levy, Richard Thwaites, Beverly Haarhoff e Helen Perry. Copyright 2015, The Guilford Press. A permissão para reprodução deste formulário é concedida aos compradores deste livro somente para uso pessoal. Os compradores podem fazer o *download* deste material na página do livro em loja.grupoa.com.br.

✍️ **EXERCÍCIO.** Revisando meu problema com a escala visual analógica (EVA)

Consulte a EVA que você usou para avaliar o problema desafiador no módulo 1. Avalie seu nível de angústia atual na escala abaixo.

0%	50%	100%
Ausente	Moderada	Mais severa

Qual foi a variação da gravidade durante as últimas duas semanas [angústia menos intensa a mais intensa]?

_____ % a _____ %

Como isso se compara às suas avaliações no módulo 1? O que você depreende disso? Registre suas observações no quadro a seguir.

MEU PROBLEMA DESAFIADOR:
REFLEXÕES SOBRE O PROGRESSO ATÉ O MOMENTO

EXERCÍCIO. Razões para não fazer AP/AR

O formulário a seguir é uma adaptação das *Razões para não fazer tarefas de autoajuda*, desenvolvido por Aaron T. Beck, Brian Shaw e Gary Emery para uso com seus clientes. Adaptamos as questões para AP/AR em vez de para terapia. Leia as afirmações e circule aquelas que se aplicam a você em relação à realização das atividades de AP/AR até o momento.

RAZÕES PARA NÃO FAZER TAREFAS DE AP/AR

1. Estou feliz com as minhas habilidades como terapeuta e não há razão para mudá-las.
2. Realmente não consigo ver de que adianta fazer AP/AR.
3. Acho que AP/AR não será útil.
4. Eu penso: "Sou um procrastinador, portanto não posso fazer isto". Então acabo não fazendo.
5. Estou disposto a fazer algumas tarefas de autoajuda, mas acabo me esquecendo.
6. Não tenho tempo suficiente, sou muito ocupado.
7. Se eu fizer AP/AR conforme sugerido aqui, não será tão bom quanto se eu elaborar minhas próprias ideias.
8. Sinto-me impotente e, na verdade, não acho que eu possa fazer as coisas que quero.
9. Tenho a sensação de que o programa de AP/AR está tentando moldar a forma como eu penso sobre a terapia.
10. Não tenho vontade de cooperar com o programa.
11. Tenho medo de desaprovação do meu trabalho ou crítica. Acho que o que eu faço não vai ser suficientemente bom.
12. Não tenho desejo ou motivação para fazer módulos de AP/AR ou qualquer outra coisa. Já que não quero fazer esses módulos, resulta que não posso fazê-los e não devo ter que fazê-los.
13. Sinto-me muito mal, triste, nervoso, abalado (escolha as palavras apropriadas) para fazê-lo agora.
14. Estou me sentindo bem agora e não quero estragar isto trabalhando no programa de AP/AR.
15. Parece ser muita exposição.
16. Outras razões (escreva-as abaixo).

_____

_____

_____

Reproduzido de *Experimentando a terapia cognitivo-comportamental de dentro para fora: um manual de autoprática/autorreflexão para terapeutas*, James Bennett-Levy, Richard Thwaites, Beverly Haarhoff e Helen Perry. Copyright 2015, The Guilford Press. A permissão para reprodução deste formulário é concedida aos compradores deste livro somente para uso pessoal. Os compradores podem fazer o *download* deste material na página do livro em loja.grupoa.com.br.

EXERCÍCIO. Identificando entraves para o seu progresso

Tanto para clientes quanto para terapeutas, pode haver questões ou experiências que atrapalham o progresso na terapia ou nos programas de treinamento. No quadro a seguir, liste qualquer coisa que tenha interferido no seu progresso, incluindo fatores internos (pensamentos, emoções, gerenciamento do tempo, etc.) e fatores externos.

ENTRAVES PARA O PROGRESSO

Você identificou algum entrave para o progresso — por exemplo, pensamentos automáticos (sobre si mesmo ou sobre o livro), crenças negativas sobre si mesmo, ansiedade devido a autoconsciência, procrastinação, mau planejamento ou gerenciamento do tempo, administração de demandas dos outros no seu tempo? Comente abaixo.

SOLUÇÃO DE PROBLEMAS

Trabalhar com nossos clientes para ajudá-los a aprender como identificar e elucidar entraves ou problemas é por si só uma intervenção da TCC. Depois disso, podemos começar a identificar, avaliar e implementar possíveis soluções quando eles se sentirem emperrados ou inseguros quanto à atitude a tomar.

Solução de problemas é uma das estratégias básicas da TCC. O propósito do próximo exercício é usar quaisquer barreiras que você tenha identificado para se engajar plenamente em AP/AR como uma oportunidade de praticar estratégias de solução de problemas.

 EXERCÍCIO. Minha solução de problemas

Primeiramente, dê uma olhada no exemplo a seguir da solução de problemas de Jayashri e nas páginas 143-144. Depois, use a folha de exercícios de solução de problemas nas páginas 145-146 para abordar uma das suas barreiras à participação em AP/AR.

> Depois de refletir sobre o questionário das suas razões para não realizar as tarefas de AP/AR, Jayashri identificou que uma das suas crenças era: "Não adianta nada fazer AP/AR, jamais vou conseguir mudar". Não é que ela não tenha reconhecido que tinha um problema ou que seus objetivos estivessem errados, ela simplesmente começou a se sentir impotente e a ter pensamentos de que não adiantava tentar mudar isso. Além disso, ela reconheceu que havia conseguido "sobreviver" até agora com sua forma de ser atual e não queria "virar a mesa" fazendo mudanças.
>
> Ela também identificou que estava tendo dificuldades para encontrar um tempo adequado para se engajar em AP/AR: ela achava que, apesar das suas boas intenções a cada semana, percebia que estava fazendo as tarefas apressadamente e então quase não tinha tempo para refletir sobre as implicações da sua autoprática.
>
> No formulário nas páginas 143-144, você pode ver como Jayashri usou o conjunto de crenças e comportamentos como uma contribuição para a solução de problemas.

FOLHA DE EXERCÍCIOS DE SOLUÇÃO DE PROBLEMAS DE JAYASHRI

Passo 1. Identificação do problema: Defina o problema em termos factuais usando linguagem simples.

Tenho uma crença de que não adianta tentar mudar e que jamais vou conseguir. Estranhamente consigo reconhecer uma crença contraditória de que consegui lidar bem com as minhas crenças atuais e de que seria arriscado tentar e virar a mesa agora.

(É interessante que essas duas crenças quase que se contradizem: Por um lado, acho que não consigo mudar e, por outro, fico assustada por poder mudar! Ambas as crenças me levam a evitar fazer o trabalho de AP/AR e acabo deixando-o para a última hora e não lhe dando a atenção que preciso para me beneficiar com ele.)

Não tive tempo suficiente para me dedicar à AP/AR na minha semana atual, estou me engajando menos e me sentindo menos esperançosa sobre os benefícios.

Resumo do problema

Não estou passando muito tempo em AP/AR; isto está reduzindo quanto benefício estou obtendo e também limitando a minha esperança de que vou conseguir mudar meu problema-alvo.

Passo 2. Faça um *brainstorm* das soluções: Encontre o máximo de opções possíveis. Não rejeite/censure qualquer opção.

- Desistir da AP/AR.
- Reservar um tempo em um fim de semana e segui-la à risca.
- Trocar o problema em que estou trabalhando para escolher alguma coisa que me deixe menos assustada ou menos ambivalente a respeito.
- Falar com a minha colega que também está fazendo AP/AR para ver o que ela acha e como está administrando.
- Discutir as coisas com meu supervisor.
- Pedir ao meu chefe uma licença para estudo a cada semana para fazer AP/AR.
- Assegurar que vou terminar meu trabalho clínico e anotações dentro do prazo uma noite por semana e ficar até um pouco mais tarde para poder reservar algum tempo para AP/AR.

(Continua)

(Continuação)

Passo 3. Análise dos pontos fortes e pontos fracos: Escolha duas ou três das possibilidades mais promissoras e faça uma análise dos pontos fortes e pontos fracos.		
Solução	Pontos fortes	Pontos fracos
Desistir da AP/AR.	*Imediatamente terei duas horas livres por semana para gastar em outras coisas. Não me sentirei culpada a cada semana por não fazer o trabalho.*	*Vou continuar emperrada com meu problema atual. Não vou fazer nenhuma mudança na minha vida pessoal. E já comecei a notar o quanto preciso fazer. Sinto-me um fracasso.*
Assegurar que vou terminar o trabalho dentro do prazo uma noite por semana e ficar até um pouco mais tarde para reservar tempo para AP/AR.	*Isto é algo que eu queria fazer há muito tempo e seria um bom hábito a aderir. Isto me forçaria a reduzir o tamanho das minhas anotações (as quais já me disseram que são exageradas em extensão e em detalhes). Isto não vai reduzir meu tempo livre fora do trabalho.*	*No passado, foi difícil para mim conseguir terminar dentro do prazo. Preciso de um plano melhor agora. Os colegas no trabalho podem se aproximar para conversar e perturbar meu "fluxo" enquanto eu estiver trabalhando em AP/AR.*

Passo 4. Escolha da solução: Escolha uma solução para tentar com base na análise.

OK, faz sentido arranjar um tempo para AP/AR logo após o trabalho. Posso alcançar dois objetivos em um, abordar a questão de trabalhar até mais tarde e reservar tempo para a AP/AR fora do meu tempo livre atual.

Passo 5. Planejamento da implementação: Esboce seu plano de ação. Que passos você dará para aplicar a sua solução?

Vou me assegurar de não marcar nenhum cliente depois das 16h.
Vou dar uma olhada nas anotações de alguns colegas e procurar ideias de como posso encurtar as minhas e poupar tempo.
Vou contar meus planos aos meus colegas e dizer que, embora eu possa estar no trabalho naquela hora, não posso ser perturbada a não ser que seja realmente importante.
Vou levar meu livro de AP/AR para meu consultório e liberar um espaço no meu armário trancado.

Quando você vai começar?

Posso começar a fazer algumas mudanças amanhã mesmo, mas realisticamente só na próxima semana é que poderei implementar todos os passos.

Que problemas você pode encontrar? Como irá superá-los?
De que recursos você precisa (p. ex., ajuda de outra pessoa)?

Posso estar cansada e querer ir para casa, mesmo que consiga terminar em tempo.
Vou ficar até tarde no trabalho e completar o livro antes de ir para casa, mesmo que só gaste 30 minutos nele.
Posso estar cansada, mas ainda estarei em um modo focado e então vou me recompensar comprando comida pronta para levar para casa.
Vou dizer ao meu colega e a Anish o que vou fazer, o que dificultará que eu mude de ideia.

MINHA FOLHA DE EXERCÍCIOS DE SOLUÇÃO DE PROBLEMAS

Passo 1. Identificação do problema: Defina o problema em termos factuais usando linguagem simples.

Resumo do problema

Passo 2. Faça um *brainstorm* das soluções: Encontre o máximo de opções possíveis. Não rejeite/censure qualquer opção.

Passo 3. Análise dos pontos fortes e pontos fracos: Escolha duas ou três das possibilidades mais promissoras e faça uma análise dos pontos fortes e pontos fracos.		
Solução	Pontos fortes	Pontos fracos

Passo 4. Escolha da solução: Escolha uma solução para tentar com base na análise.

Passo 5. Planejamento da implementação: Esboce seu plano de ação. Que passos você dará para aplicar a sua solução?

Quando você vai começar?

Que problemas você pode encontrar? Como irá superá-los?
De que recursos você precisa (p. ex., ajuda de outra pessoa)?

Reproduzido de *Experimentando a terapia cognitivo-comportamental de dentro para fora: um manual de autoprática/autorreflexão para terapeutas*, James Bennett-Levy, Richard Thwaites, Beverly Haarhoff e Helen Perry. Copyright 2015, The Guilford Press. A permissão para reprodução deste formulário é concedida aos compradores deste livro somente para uso pessoal. Os compradores podem fazer o *download* deste material na página do livro em loja.grupoa.com.br.

É importante examinar como a sua estratégia para solução de problemas está funcionando depois que a experimentou por alguns dias. Depois de 5 a 7 dias (ou aproximadamente), complete os Passos 6 e 7 para verificar se você precisa fazer alguma adaptação à sua estratégia.

REVISÃO DA MINHA FOLHA DE EXERCÍCIOS DE SOLUÇÃO DE PROBLEMAS

Passo 6. Implementação: O que você fez? Escreva exatamente o que você fez.

Passo 7. Revisão: Como foi? Escreva abaixo se a sua solução funcionou. Se não estiver funcionando, ou se os resultados não forem satisfatórios, volte ao Passo 4 e escolha outra solução para tentar. Você também pode revisar as crenças negativas que tem sobre suas habilidades de solução de problemas, pois elas podem estar interferindo no processo, particularmente se você for uma "pessoa preocupada".

Reproduzido de *Experimentando a terapia cognitivo-comportamental de dentro para fora: um manual de autoprática/autorreflexão para terapeutas*, James Bennett-Levy, Richard Thwaites, Beverly Haarhoff e Helen Perry. Copyright 2015, The Guilford Press. A permissão para reprodução deste formulário é concedida aos compradores deste livro somente para uso pessoal. Os compradores podem fazer o *download* deste material na página do livro em loja.grupoa.com.br.

PERGUNTAS AUTORREFLEXIVAS

Agora você já completou metade do livro. Como você resumiria sua reação em geral aos exercícios de autoprática realizados até aqui? Há alguma diferença entre o que você experimentou em um nível racional intelectual e o que pode ter sentido em um "nível visceral"?

_____
_____
_____
_____
_____
_____
_____
_____
_____
_____

Alguma das suas experiências de autoprática se destacou em particular? Em caso afirmativo, como você explicaria isso?

_____
_____
_____
_____
_____
_____
_____
_____
_____
_____
_____
_____

Este módulo focou na revisão do seu progresso na AP/AR e na identificação de entraves. Você descobriu alguma coisa sobre si mesmo neste contexto? Você notou alguma autocrítica relacionada ao seu engajamento em AP/AR? Em caso afirmativo, como foi isso? Você poderia usar isso de outra forma como uma oportunidade para se relacionar consigo mesmo de forma diferente (p. ex., sendo mais compassivo)?

_____
_____
_____
_____
_____
_____
_____
_____
_____
_____
_____

Quando considera o impacto da AP/AR até aqui, você experienciou isto como afetando principalmente seu o "*self* pessoal", o "*self* terapeuta" ou ambos? Como você acha que suas aprendizagens pessoais ou profissionais se relacionam entre si?

_____
_____
_____
_____
_____
_____
_____
_____
_____
_____
_____

Você consegue trazer à mente um cliente particular que pode estar tendo dificuldades para progredir? Você aprendeu alguma coisa com a revisão do seu progresso que possa ser relevante para este cliente? Em caso afirmativo, como você colocará isso em prática? Quando? Onde? Como?

Qual foi a sua reação às perguntas autorreflexivas no fim de cada módulo? Você consegue identificar alguma dificuldade com o processo reflexivo? Você pode dar algum passo para melhorar essa experiência para si mesmo?

Você notou mais alguma coisa neste módulo que acha que poderia ser importante lembrar e retomar mais tarde?

PARTE II
Criando e fortalecendo *novas formas de ser*

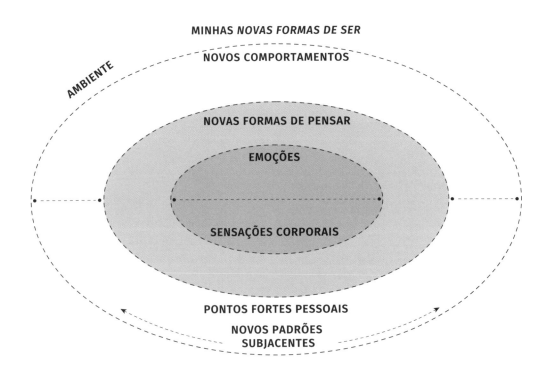

Módulo 7

Identificando pressupostos inúteis e construindo novas alternativas

Eu me tornei muito mais consciente em relação aos clientes usando os estímulos se/então e acho que isto me fez identificar as coisas mais facilmente do que antes. O mesmo aconteceu em relação a mim.
    _ Participante de AP/AR

Na Parte I do livro, "Identificando e compreendendo *(antigas) formas de ser inúteis*", as intervenções de autoprática da terapia cognitivo-comportamental (TCC) foram, em grande parte, focadas no seu problema desafiador. O objetivo era primeiro compreender e encontrar uma explicação para como e por que seu problema continuou ocorrendo; depois desenvolver uma declaração do problema e identificar objetivos mensuráveis, realistas e atingíveis. Você ainda construiu a formulação e encontrou formas de modificar o conteúdo cognitivo e os padrões subjacentes de pensamento e comportamento. Esperamos que esses exercícios tenham possibilitado a você experimentar uma variedade de intervenções para mudar formas de ser inúteis. Também é relevante que, juntamente com o problema desafiador, você já tenha considerado seus pontos fortes. Seus pontos fortes entrarão em foco nos exercícios de autoprática na segunda metade do livro.

Na Parte II, "Criando e fortalecendo *novas formas de ser*", adotaremos um conjunto de estratégias complementares que enfatizam um foco nos pontos fortes em vez do foco no problema. Essas estratégias tendem a ser mais experienciais: experimentos imaginários e comportamentais são particularmente proeminentes. As estratégias experienciais para construir *novas formas de ser* vêm ganhando força nos últimos anos por meio da influência da ciência cognitiva, da inovação clínica dentro da TCC e da psicologia positiva.

Até este ponto no livro, você trabalhou com o nível de pensamento mais acessível, os pensamentos automáticos. À medida que trabalhamos para a criação de *novas formas de ser*, nosso foco muda para um nível de pensamento mais profundo e menos acessível: pressupostos subjacentes, atitudes e "regras de vida" que podem nos afetar em uma variedade de situações diferentes (p. ex., "Se eu tiver um desempenho extremamente bom o tempo todo, as pessoas não vão perceber o quanto sou falho"). O objetivo durante os próximos seis módulos é encontrar outras formas de enfraquecer antigos padrões de pensamento, sentimento e comportamento inúteis; e construir *novas formas de ser* baseadas nos pontos fortes que podem capacitá-lo em sua vida pessoal e profissional.

Destacamos quatro estratégias interrelacionadas para criar *novas formas de ser*:

1. Identificando *antigas formas de ser inúteis*, especialmente antigos padrões comportamentais e pressupostos subjacentes (p. ex., "Se eu for muito gentil com todos os meus clientes, pode ser que eles não vejam o terapeuta incompetente que eu sou"). Este é um primeiro passo importante, pois é importante compreender por que suas antigas formas inúteis de pensar, sentir e se comportar continuam.
2. Construindo *novas formas de ser* potenciais perguntando "Como eu gostaria de ser?"
3. Contrastando *(antigas) formas de ser inúteis* com *novas formas de ser*.
4. Fortalecendo *novas formas de ser*, particularmente pelo uso de estratégias experienciais como experimentos comportamentais e técnicas baseadas na imaginação.

Este módulo é predominantemente focado em (1) exercícios de autoprática para identificar seus pressupostos subjacentes e padrões comportamentais associados às suas *antigas formas de ser*; e (2) técnicas para construir pressupostos ou regras de vida mais úteis e desenvolver padrões de pensamento e comportamentos mais adaptativos.

Os módulos 8 e 9 contrastam *antigas* e *novas formas de ser* e começam a fortalecer as *novas formas de ser*. Estratégias para fortalecer as *novas formas de ser* são o foco dos módulos 10 e 11. Por fim, o módulo 12 visa a consolidar suas *novas formas de ser* para que você possa continuar seu desenvolvimento depois do fim do programa.

PRESSUPOSTOS SUBJACENTES

De forma sucinta, a teoria cognitivo-comportamental clássica identifica três níveis de pensamento diferentes, porém relacionados: pensamentos automáticos, pressupostos subjacentes e crenças nucleares (também chamadas de crenças centrais). As crenças nucleares são crenças incondicionais e absolutistas sobre nós mesmos, sobre outras pessoas e sobre o mundo. As crenças nucleares em geral não são conscientemente acessíveis, mas podem influenciar nosso comportamento e as reações emocionais em uma grande variedade de situações (p. ex., "Não mereço ser amado", "As outras pessoas não são confiáveis", "O mundo é imprevisível").

A teoria cognitivo-comportamental clássica vê os pressupostos subjacentes como uma camada de pensamento intermediária entre as crenças nucleares e os pensamentos automáticos. A teoria sugere que os pressupostos subjacentes "nos ajudam a lidar" com as implicações das nossas crenças nucleares ("Não tenho valor, portanto *preciso* _____ para que as pessoas notem o quanto sou [...]"). Os pressupostos subjacentes frequentemente podem ser formulados como afirmações do tipo "*se...então...*", ou "preciso", "tenho que" ou "deveria". Tipicamente eles afetam nossas emoções, pensamentos e comportamentos em diferentes situações.

Os pressupostos subjacentes podem ser positivos ou negativos, úteis ou inúteis. Frequentemente são regras de vida não questionadas que foram aprendidas com a família, com os amigos, no ambiente de trabalho ou na escola (p. ex., "Se as pessoas são desagradáveis com você, seja desagradável com elas!"). Embora a teoria cognitivo-comportamental clássica tenha pressupostos subjacentes intimamente associados a crenças nucleares, há um reconhecimento crescente de que nossas regras de vida ou princípios operacionais não estão necessariamente associados a crenças nucleares. Por exemplo, como terapeutas, desenvolvemos algumas "regras para a terapia" bem específicas, não relacionadas a nossas crenças nucleares (p. ex., "Se um cliente expressar planos suicidas claros, preciso informar as seguintes pessoas..."), e podemos ter algumas crenças bem específicas para a situação e frequentemente realistas (p. ex., "Estou me saindo bem com clientes com problemas de ansiedade, mas tenho dificuldade com meus clientes que estão gravemente deprimidos").

RESUMO: OS TRÊS NÍVEIS DE PENSAMENTO

Pensamentos automáticos
- São específicos para as situações.
- Surgem repentinamente em nossas mentes.
- Coexistem com nosso pensamento mais deliberado.
- Em geral, tendem a estar ligeiramente fora da consciência.
- Conectam-se com a emoção.
- Podem ser enviesados por interpretações distorcidas e raramente são avaliados.

Pressupostos subjacentes
- São pressupostos trans-situacionais, princípios operacionais ou regras de vida para si mesmo, para os outros ou para o mundo.
- Podem ou não ser derivados de crenças nucleares.
- Podem ser expressos como declarações condicionais do tipo "se...então..." ou "preciso", "deveria" ou "tenho que".
- Conectam crenças com comportamentos e emoções.

Crenças nucleares
- São crenças absolutas incondicionais trans-situacionais sobre si mesmo, sobre os outros e sobre o mundo.
- Podem ser úteis ou inúteis.
- Seu desenvolvimento é geralmente influenciado por experiências na infância com pessoas significativas e/ou por experiências de trauma.

Em *Experimentando a terapia cognitivo-comportamental de dentro para fora*, nosso foco é nos pensamentos automáticos e pressupostos subjacentes, em vez de nas crenças nucleares. Segundo as bases teóricas e práticas que articulamos nos Capítulos 2 e 3, não consideramos necessário nem aconselhável que os terapeutas que estão usando este livro trabalhem no nível de crenças nucleares. *Experimentando a terapia cognitivo-comportamental de dentro para fora* não foi planejado para psicoterapia profunda.

Os pressupostos subjacentes podem ser muito sutis e difíceis de detectar, mas podemos encontrar pistas em nossos comportamentos compensatórios característicos e em padrões subjacentes de pensamento e emoção, como evitação emocional e comportamentos de busca de segurança. Você já estará familiarizado, ao completar o módulo 4, com algumas das suas respostas comportamentais compensatórias inúteis, e a partir delas será capaz de deduzir alguns dos seus pressupostos relacionados ao terapeuta.

EXEMPLO: pressupostos subjacentes de Shelly e David

Nos primeiros estágios do seu treinamento, Shelly tinha uma crença de terapeuta: "Não sou boa como terapeuta". Para lidar com esta crença, o pressuposto subjacente que guiava seu comportamento era: "Se eu evitar a observação das minhas sessões, então meu supervisor não vai saber que terapeuta fraca eu sou". Consequentemente, Shelly evitava a observação das suas sessões por seu supervisor. Ela fazia isso dando desculpas e faltando aos encontros para supervisão.

David estava se sentindo inseguro em relação ao seu conhecimento da TCC. Então começou a se questionar se era "um terapeuta suficientemente bom" (crença sobre si mesmo como terapeuta), pensando que a "minha jovem supervisora está me julgando negativamente" (crença sobre os outros). Isto levou ao pressuposto: "Se eu lhe mostrar o quanto sou experiente e conhecedor, então ela irá reconhecer a minha experiência e habilidade". David agia de acordo com seu pressuposto subjacente, fazendo referência contínua a outros modelos de terapia que havia usado no passado e se deixando levar por longas justificativas sobre como e por que tomou certas decisões clínicas. Seu comportamento tinha o efeito contraditório de irritar em vez de impressionar sua supervisora.

A PORTA DE ENTRADA PARA IDENTIFICAR NOSSOS PRESSUPOSTOS SUBJACENTES INÚTEIS: TEMAS PESSOAIS RECORRENTES, COMPORTAMENTOS COMPENSATÓRIOS E COMPORTAMENTOS DE EVITAÇÃO

Como já vimos, os pressupostos subjacentes podem ser enganosos. Como terapeutas de TCC, desempenhamos um papel importante ao ajudarmos nossos clientes a identificarem seus pressupostos ou regras de vida. Uma porta de entrada para seus pressupostos é fornecida por meio de vários estágios fundamentais: temas pessoais recorrentes, comportamentos compensatórios e comportamentos de evitação. Para abrirmos esta porta para nós mesmos no contexto deste livro, podemos:

1. Procurar *temas pessoais recorrentes* (p. ex., temas de ser rejeitado, desafiar autoridade ou ser testado). Os temas podem ser encontrados em nossas respostas cognitivas, comportamentais e emocionais habituais.
2. Tomar consciência de nossos *comportamentos compensatórios*, que tipicamente assumem a forma de *comportamentos repetitivos e estratégias de enfrentamento rígidas*: o tipo de comportamentos que achamos que temos que ter.
3. Tomar consciência de nossos *comportamentos de evitação*.

O próximo conjunto de exercícios de autoprática foca nestas três áreas. Temas pessoais recorrentes, comportamentos compensatórios e comportamentos de evitação fornecem pistas a partir das quais podemos deduzir as regras que guiam aspectos importantes das nossas vidas.

Identificando temas pessoais recorrentes

Este exercício, focado em temas pessoais, ajudará a reunir seu aprendizado dos seis primeiros módulos.

 EXEMPLO: temas pessoais recorrentes de Shelly

Usando o formulário simples na página 160, Shelly começou a identificar algumas das emoções, pensamentos, sensações corporais e comportamentos que eram características recorrentes das suas sessões de supervisão.

UM DOS TEMAS PESSOAIS RECORRENTES DE SHELLY

Situações desencadeantes	Pensamentos	Emoções/ sensações corporais	Comportamentos incluindo evitação (pessoas, lugares, emoções, circunstâncias)
Uma sessão de supervisão que se aproxima.	Serei julgada como não estando à altura. Esqueci de avaliar o risco. Minha cliente pode sofrer danos e isto será minha culpa.	Ansiedade. Tensão. Insegurança. Culpa.	Dou a desculpa de que não consegui fazer a câmera gravar. Rumino sobre o que não consegui fazer na sessão.

 EXERCÍCIO. Meus temas pessoais recorrentes

Consulte os exercícios que você completou até aqui, como, por exemplo, sua formulação de cinco partes (módulo 2) e os exercícios para identificar seus padrões de pensamento e comportamento inúteis (módulo 4). Quais são alguns dos desencadeantes, cognições, emoções e comportamentos repetitivos que você identificou em relação ao seu problema desafiador? Use o formulário dos temas recorrentes na página 160 para listá-los.

Nota: Se você achar que resolveu satisfatoriamente o problema que identificou na Parte I do livro e gostaria de focar em um novo problema, por favor, o faça. Você precisará entender os componentes dessa nova área problemática aplicando a formulação de cinco partes do módulo 2 e se engajar em algumas das outras estratégias (p. ex., dos módulos 4 e 5) antes de prosseguir para as próximas tarefas.

MEUS TEMAS PESSOAIS RECORRENTES

Situação(ões) desencadeante(s)	Pensamentos	Emoções/ sensações corporais	Comportamentos incluindo evitação (pessoas, lugares, emoções, circunstâncias)

Reproduzido de Experimentando a terapia cognitivo-comportamental de dentro para fora: um manual de autoprática/autorreflexão para terapeutas, James Bennett-Levy, Richard Thwaites, Beverly Haarhoff e Helen Perry. Copyright 2015, The Guilford Press. A permissão para reprodução deste formulário é concedida aos compradores deste livro somente para uso pessoal. Os compradores podem fazer o download deste material na página do livro em loja.grupoa.com.br.

Identificando comportamentos compensatórios: Comportamentos repetitivos e estratégias de enfrentamento rígidas

O foco deste exercício são comportamentos e estratégias de enfrentamento que são repetitivos e compensatórios no sentido de que eles "compensam" sentimentos ou pensamentos indesejados. Comportamentos recorrentes e estratégias de enfrentamento rígidas são comportamentos compensatórios clássicos. Você já identificou alguns deles no módulo 4. Neste estágio, deixe de lado os comportamentos de evitação, os quais serão abordados na próxima seção. No quadro a seguir, estão alguns exemplos de comportamentos repetitivos e estratégias de enfrentamento rígidas. Você pode reconhecer alguns destes padrões como seus.

EXEMPLOS DE COMPORTAMENTOS REPETITIVOS E ESTRATÉGIAS DE ENFRENTAMENTO RÍGIDAS

- Tento fazer tudo perfeitamente.
- Busco tranquilização dos outros.
- Culpo outras pessoas quando as coisas dão errado.
- Acho difícil encerrar as sessões de terapia no horário.
- Tento agradar as outras pessoas.
- Fico perturbado se um cliente encerra a terapia inesperadamente ou cancela consultas.
- Acho difícil dizer não para os outros.
- Como ou bebo em excesso.
- Fico perturbado quando recebo *feedback* que penso ser negativo.
- Escondo meus verdadeiros sentimentos.
- Acho difícil me defender.
- Tenho dificuldade em tomar decisões.
- Trabalho por longas horas.

 EXERCÍCIO. Meus comportamentos repetitivos e estratégias de enfrentamento rígidas

---

MEUS COMPORTAMENTOS REPETITIVOS E ESTRATÉGIAS DE ENFRENTAMENTO RÍGIDAS

Quais são os exemplos dos meus comportamentos repetitivos ou estratégias de enfrentamento rígidas?

Os comportamentos repetitivos podem nos dar pistas para o formulário dos nossos pressupostos subjacentes. Nos engajamos neles porque achamos que nos ajudarão. Identificá-los pode nos ajudar a formular a parte "se" de um pressuposto subjacente ("Se eu...").

 EXEMPLO: pressupostos subjacentes de David

> *Se eu informar a minha supervisora do quanto sou experiente, contando sobre os modelos de terapia que usei [comportamento], então ela irá me respeitar [consequência].*
>
> *Se eu explicar em detalhes por que tomei uma determinada atitude [comportamento], então ela vai me levar a sério [consequência].*
>
> *Se minha supervisora me pedir para explicar uma decisão terapêutica [comportamento], então ela estará questionando o meu conhecimento da TCC [consequência].*

 EXERCÍCIO. Meus pressupostos subjacentes

Se (comportamento) _____
_____,
então _____
_____ (consequência).
Se (comportamento) _____
_____,
então _____
_____ (consequência).
Se (comportamento) _____
_____,
então _____
_____ (consequência).

Identificando comportamentos de evitação

Evitação é um comportamento, mesmo quando essa evitação é de alguma coisa interna (p. ex., nossas emoções). Evitamos situações, pessoas, pensamentos, emoções e sensações corporais na tentativa de nos proteger de experimentar dor ou dificuldades. Por exemplo, se eu achar que não sou bom no trabalho com tipos específicos de clientes, posso evitar aceitar esses encaminhamentos.

O quadro a seguir lista alguns exemplos de comportamento evitativo.

EXEMPLOS DE COMPORTAMENTOS DE EVITAÇÃO

- Tento não pensar em coisas perturbadoras.
- Jogo jogos no computador ou navego na internet por longos períodos.
- Afasto-me quando há conflito interpessoal.
- Afasto-me das pessoas quando me sinto magoado.
- Assisto muita TV.
- Faço compras.
- Como quando estou incomodado.
- Uso álcool ou drogas.
- Fico sonhando acordado.

 EXERCÍCIO. Comportamentos de evitação

MEUS COMPORTAMENTOS DE EVITAÇÃO

Identifique comportamentos de evitação que consegue reconhecer em si mesmo.

Padrões de comportamentos de evitação, como os comportamentos repetitivos, podem constituir a parte "se" de um pressuposto subjacente inútil. Veja se eles ajudam a identificar algum(ns) pressuposto(s) subjacente(s) a seguir.

Se eu (fizer isso que estou evitando) _____

_____,

então _____

_____.

Se eu (fizer isso que estou evitando) _____

_____,

então _____

_____.

Se eu (fizer isso que estou evitando) _____

_____,

então _____

_____.

 EXERCÍCIO. Meus pressupostos subjacentes e comportamentos compensatórios e de evitação

Revise este módulo e reflita sobre os exercícios de autoprática que você completou até aqui. Na página 165, liste os pressupostos subjacentes, os comportamentos compensatórios (p. ex., comportamentos repetitivos, estratégias de enfrentamento rígidas) e os comportamentos de evitação que você identificou.

Pressupostos subjacentes	Comportamentos compensatórios (comportamentos repetitivos, estratégias de enfretamento rígidas) e/ou de evitação associados

EXERCÍCIO. Meu pressuposto mais inútil

Olhando para esses pressupostos, considere qual deles tem a maior influência negativa sobre você em uma capacidade pessoal ou profissional. No módulo 8, você terá a oportunidade de comparar esse pressuposto com uma nova alternativa mais útil. Por exemplo, Shelly considerou seu pressuposto mais inútil como: "Se eu evitar a observação do meu supervisor, então ele jamais saberá a terapeuta inútil que eu sou".

MEU PRESSUPOSTO MAIS INÚTIL

Qual é o seu pressuposto mais inútil? Registre logo abaixo.

Se _____

_____,

então _____

_____.

CRIANDO NOVOS PRESSUPOSTOS ALTERNATIVOS

O grupo final de tarefas neste módulo foca na criação de um conjunto de novos pressupostos alternativos e novos padrões de pensamento e comportamento que possam fornecer as bases para suas *novas formas de ser*. Como veremos nos módulos seguintes, uma das questões principais é: "Como eu gostaria...de me sentir?...de pensar sobre mim mesmo?...de fazer isto de forma diferente?

 EXEMPLO: novo pressuposto alternativo de Shelly

> Shelly considerou como gostaria de pensar sobre si mesma rotineiramente para se sentir melhor consigo mesma e com seu trabalho. Isto exigiu um espaço silencioso para que ela ponderasse como gostaria de se sentir e também um esforço de imaginação, mas depois de pouco tempo, ela identificou um novo pressuposto subjacente: "Embora eu não seja uma terapeuta perfeita, sei que sou suficientemente boa. Se eu permitir que meu supervisor veja o que eu faço, ele me dará *feedback* e sei que posso usar isto para melhorar".

 EXERCÍCIO. Criando um novo pressuposto alternativo

Como eu gostaria de me sentir? Como eu gostaria de pensar sobre mim mesmo, sobre os outros e sobre o mundo? Como eu gostaria de fazer as coisas? Veja se consegue elaborar um, ou mais, pressuposto subjacente ou regra alternativa que indique como você gostaria de ser. Acrescente-o(os) no quadro na página 167.

MEU NOVO PRESSUPOSTO ALTERNATIVO

CRIANDO NOVOS PADRÕES DE PENSAMENTO E COMPORTAMENTO

Dê uma olhada nos comportamentos compensatórios e de evitação que você identificou e considere que tipos de padrões subjacentes de pensamento e comportamento úteis poderiam fundamentar seus novos pressupostos ou regras.

 EXEMPLO: novos padrões de pensamento e comportamento de Shelly

Shelly se projetou no futuro e imaginou o que precisaria fazer para incorporar seu novo pressuposto subjacente a *novas formas de ser* e estabelecer um ciclo de manutenção positivo. Ela se viu:

- Adotando uma abordagem (não evitação) voltada para supervisores, colegas e clientes, visando a testar o que realmente aconteceria em vez de apenas adivinhar.
- Experienciando seus pensamentos negativos como apenas "fenômenos" ou "hábito", não necessariamente para serem acreditados ou atuados.
- Focando sua atenção especificamente em coisas que está fazendo bem.
- Sendo compassiva e gentil consigo mesma quando não faz as coisas corretamente. Os erros inevitáveis seriam então menos aversivos e mais como uma experiência de aprendizagem.

 EXERCÍCIO. Criando meus novos padrões

Projete-se no futuro e imagine o que precisará fazer, sentir e pensar para que seu novo pressuposto subjacente se torne realidade. Que tipos de novos padrões de pensamento e comportamento assumirão o lugar dos antigos padrões? Que tipos de imagens ou pensamentos sobre si mesmo ou sobre os outros serão úteis? Dê asas à sua imaginação. Se for muito difícil se imaginar neste contexto, você pode tentar imaginar que é outra pessoa (p. ex., um amigo próximo ou um colega) para obter acesso aos tipos de cognição e comportamentos que provavelmente apoiariam seu novo pressuposto subjacente.

MEUS NOVOS PADRÕES DE PENSAMENTO E COMPORTAMENTO

Acrescente suas ideias logo abaixo:

PERGUNTAS AUTORREFLEXIVAS

Como você experienciou o processo de identificação dos seus pressupostos subjacentes? Você teve alguma resposta emocional, comportamental, corporal ou cognitiva particular? Você teve alguma dificuldade? Houve alguma surpresa?

Você observou algum tema pessoal que o ajude a se compreender mais como pessoa e/ou como terapeuta? Esses exercícios fizeram alguma diferença para a consciência desse(s) tema(s)?

Há algum cliente ou pessoa em particular que rotineiramente desencadeia seus pressupostos inúteis? Você consegue compreender por que isto pode estar acontecendo? Há alguma coisa que você gostaria de fazer diferentemente se este for o caso? (Pode ser útil mapear a dificuldade como um ciclo de manutenção.)

Você consegue ver alguma conexão entre seus "pressupostos como terapeuta" e seus "pressupostos pessoais"? Como você compreende essas conexões? Quais são as implicações?

_____
_____
_____
_____
_____
_____
_____
_____
_____
_____
_____

Como foi identificar um pressuposto alternativo, ou novo, mais útil? O quanto você acreditou no novo pressuposto com a sua "cabeça"? Seu "íntimo" — ou "coração" — teve uma visão diferente? Se houve diferença, o que você depreende disto?

_____
_____
_____
_____
_____
_____
_____
_____
_____
_____
_____
_____

Como sua experiência poderia afetar a forma como você ajuda os clientes a identificarem seus pressupostos subjacentes?

Quais são as coisas principais que você gostaria de lembrar deste módulo? Faça uma lista dos pontos que gostaria de recordar quando atender seus próximos clientes.

Módulo 8

Usando experimentos comportamentais para testar pressupostos inúteis comparando com novas alternativas

Aprendi formas mais fáceis de reconhecer quando um experimento comportamental pode ser útil, e isso pode ser bem simples e não tem que ser uma coisa pontual. Os clientes podem ter medo de alguma coisa, e tudo pode ser testado! Certo? Uma das coisas mais importantes que resulta disso é a ênfase na avaliação e reavaliação. Tenho a tendência a evitar isso porque é complicado. Eu sabia muito pouco sobre como ajudar a mudar os pensamentos.
    _ Participante de AP/AR

Experimentos comportamentais dão aos clientes a chance de aprender diretamente a partir da própria experiência, testando seus pressupostos e crenças em situações cotidianas entre as sessões ou, algumas vezes, durante as sessões. Embora experimentos comportamentais frequentemente provoquem ansiedade, a experiência clínica e as pesquisas sugerem que são um dos métodos de mudança mais poderosos em terapia cognitivo-comportamental (TCC) e podem produzir benefícios terapêuticos significativos.

Os experimentos comportamentais geralmente são planejados tendo em mente um dos três propósitos principais:

1. Desenvolver a formulação (o experimento acrescenta informações novas?).
2. Testar crenças negativas sobre si mesmo, sobre os outros ou sobre o mundo (o quanto a minha "antiga" perspectiva é acurada?).
3. Testar novas crenças mais adaptativas (há alguma evidência que apoie uma nova perspectiva mais adaptativa?).

Experimentos comportamentais são particularmente úteis para testar regras de vida e pressupostos para ver se eles resistem à realidade.

É importante pensar em experimentos comportamentais como uma jornada "ganha-ganha". A natureza de um experimento é que o desfecho é desconhecido, portanto é importante permanecer aberto a todas as possibilidades. Ao abordar um experimento comportamental, a atitude que queremos gerar é a de que ele será válido seja qual for o resultado; mesmo um desfecho aparentemente decepcionante pode levar a novas informações ou a informações mais detalhadas que podem informar a solução efetiva de problemas. Isto é o que quer dizer uma abordagem "ganha-ganha".

Como um passo para formular e contrastar suas *antigas formas de ser* e as *novas formas de ser* no módulo 9, neste módulo você irá planejar e realizar um experimento comportamental. O experimento será planejado para testar um "antigo" pressuposto subjacente (veja o propósito 2) e também lhe dará a chance de comparar o antigo pressuposto com um novo pressuposto potencialmente mais útil (veja o propósito 3). Este módulo também é um precursor do módulo 11, em que você irá planejar um experimento comportamental especificamente para construir evidências para suas *novas formas de ser*.

Durante este módulo, pedimos que você avalie a força da sua crença de duas maneiras: em um nível "visceral" e em um nível racional ou "mental". Há uma boa justificativa teórica e prática para fazer essa distinção. Os clientes frequentemente dizem coisas como: "Racionalmente sei que não há nada do que ter medo, mas no íntimo estou aterrorizado!". Há algumas evidências de que certos tipos de intervenções são mais efetivas do que outras para mudar crenças em um nível "visceral"; sendo explícitos sobre as discrepâncias potenciais, podemos compreender melhor o processo de mudança das crenças e focar de forma mais proveitosa nossas intervenções.

PLANEJANDO O EXPERIMENTO COMPORTAMENTAL

- Passo 1: Neste módulo, você usará as três primeiras colunas da folha de registro do experimento comportamental (veja as páginas 179-180) para ajudar a elaborar um experimento comportamental para testar um dos seus pressupostos subjacentes das *antigas formas*.
- Passo 2: Depois de ter planejado o experimento e identificado como você abordará os problemas ou as barreiras que podem ocorrer, é hora de executá-lo.
- Passo 3: Neste estágio, você revisará o experimento usando as duas últimas colunas da folha de registro do experimento comportamental para identificar o que ocorreu, o que pode ser aprendido com isso e que passos futuros podem ser dados para consolidar a aprendizagem. Este passo é crucial para assegurar que ocorra aprendizagem máxima com o experimento.

✍️ EXERCÍCIO. Folha de registro do meu experimento comportamental

Primeiramente, examine o exemplo de Shelly nas páginas 176-178. A seguir, complete a folha de registro do seu próprio experimento comportamental nas páginas 179-180, comparando um pressuposto das *antigas formas* com um pressuposto das *novas formas* e resolvendo problemas potenciais ao executá-lo.

> Shelly planejou um experimento para testar seu pressuposto inútil, "Se eu permitir que meu supervisor observe a minha terapia, então ele perceberá a terapeuta inútil que eu sou", que estava lhe causando um problema no trabalho.
>
> Para fins de comparação, ela também desenvolveu um pressuposto nas *novas formas*: "Embora eu não seja uma terapeuta perfeita, sei que sou suficientemente boa. Se eu permitir que meu supervisor veja o que eu faço, ele vai achar que está bom e me ajudará a melhorar".
>
> Embora sua crença em seu pressuposto das *novas formas* seja muito baixa, ela reconheceu que poderia ser importante iniciar o processo de ver sua experiência por uma lente diferente.

FOLHA DE REGISTRO DO EXPERIMENTO COMPORTAMENTAL DE SHELLY (TRÊS PRIMEIRAS COLUNAS)

Cognição(ões)-alvo	Experimento	Previsão(ões)	Resultado	O que aprendi
Que *antigas formas* de pensamento, pressupostos ou crenças você está testando? Há algum pressuposto nas *novas formas* em que você preferiria acreditar ou atuar? Primeiro avalie a crença nas cognições (0-100%) como uma crença no nível "visceral" e depois faça uma avaliação com a "mente racional" entre parênteses.	Planeje um experimento para testar a ideia nas *novas formas* (p. ex., enfrentando uma situação que de outra forma você evitaria, abandonando as preocupações, agindo de uma nova forma). Onde? Quando? Com quem? A que você irá prestar atenção?	O que você prevê que irá acontecer? Faça dois grupos de previsões, um baseado nos pressupostos em suas *antigas formas*, o outro baseado em pressupostos nas suas *novas formas*. Qual é a probabilidade desses resultados? Faça avaliações no "nível visceral" e com a "mente racional". (0-100%)	O que aconteceu realmente? O que você observou sobre si mesmo (comportamento, pensamentos, sentimentos, sensações corporais)? Sobre seu ambiente, sobre outras pessoas? Alguma dificuldade? O que você fez a respeito? Como o resultado se encaixa nas suas previsões?	O quanto você acredita agora nos seus pressupostos originais (*antigas formas*) e alternativos (*novas formas*) (0-100%)? O que você aprendeu sobre os comportamentos de segurança? Você vai abandoná-los? Quais são as implicações práticas? Seu pressuposto nas *novas formas* precisa ser modificado? Em caso afirmativo, qual seria a versão modificada?

(Continua)

Experimentando a terapia cognitivo-comportamental de dentro para fora **177**

(Continuação)

Cognição(ões)-alvo	Experimento	Previsão(ões)	Resultado	O que aprendi
Pressuposto nas antigas formas Se eu permitir que meu supervisor observe a minha terapia, então ele irá perceber a terapeuta inútil que eu sou. 85% (40%)	Durante a próxima semana, farei a gravação de uma sessão de terapia para a supervisão. Vou pedir que meu supervisor escute uma parte em que preciso de ajuda.	**Previsão nas antigas formas** Tenho uma imagem do meu supervisor sentado ali com expressão impassiva, um olhar que me diz o quanto ele está desapontado comigo. Poderei adivinhar que ele acha que eu sou uma terapeuta inútil. 80% (30%)		**Avaliações da crença:** **Pressuposto nas antigas formas** __% (__%) **Pressuposto nas novas formas** __% (__%)
Pressuposto nas novas formas Embora eu não seja uma terapeuta perfeita, sei que sou suficientemente boa. Se eu permitir que meu supervisor veja o que faço, ele vai achar bom e me ajudará a melhorar. 10% (40%)		**Previsão nas novas formas** Sei que eu já usei o feedback de forma efetiva no passado. Este é um dos meus pontos fortes. Não vou presumir o que ele está pensando e vou perguntar se eu não tiver certeza. Sei que sou boa como terapeuta e posso lidar com algum feedback negativo, apesar de desconfortável. 30% (50%)		

(Continua)

Resolvendo problemas potenciais

Que comportamentos compensatórios ou comportamento(s) de segurança habitual(is) (*antigas formas*) você normalmente utiliza para prevenir o que pensa que será o pior resultado?
Posso tentar evitar gravar uma sessão ou, se gravar, posso selecionar a melhor parte e então fingir que é a parte em que estou tendo dificuldade.

Como você vai evitar fazer isto?
Preciso me lembrar de que não vou aprender nada novo se não fizer algo novo. Vou fazer um plano específico.

O que você vai fazer em vez disso?
Só notar os pensamentos que me dizem para evitar, eles são apenas pensamentos, e foram estes pensamentos que me deixaram emperrada em primeiro lugar. Ignorar os antigos pensamentos, fazer algo novo! Vou aproveitar a oportunidade e mostrar minha terapia como ela é. Serei honesta com o supervisor e comigo mesma.

Que problemas podem interferir?
Posso ser tentada a não perguntar aos clientes se posso gravar nossas sessões. Ou posso ter problemas técnicos com a minha câmera.

Como você vai lidar com eles?
Vou me comprometer a fazer isto durante a semana e, se tiver problemas técnicos, então vou providenciar para que meu supervisor esteja presente em uma sessão.

FOLHA DE REGISTRO DO MEU EXPERIMENTO COMPORTAMENTAL

Cognição(ões)-alvo	Experimento	Previsão(ões)	Resultado	O que aprendi
Que *antigas formas* de pensamento, pressupostos ou crenças você está testando? Há algum pressuposto nas *novas formas* em que você preferiria acreditar ou atuar? Primeiro, avalie a crença nas cognições (0-100%) como uma crença no nível "visceral" e depois faça uma avaliação com a "mente racional" entre parênteses.	Planeje um experimento para testar a ideia nas *novas formas* (p. ex., enfrentando uma situação que de outra forma você evitaria, abandonando as preocupações, agindo de uma nova forma). Onde? Quando? Com quem? A que você irá prestar atenção?	O que você prevê que irá acontecer? Faça dois grupos de previsões, um baseado nos pressupostos em suas *antigas formas*, o outro baseado em pressupostos nas suas *novas formas*. Qual é a probabilidade desses resultados? Faça avaliações no "nível visceral" e com a "mente racional". (0-100%)	O que aconteceu realmente? O que você observou sobre si mesmo (comportamento, pensamentos, sentimentos, sensações corporais)? Sobre seu ambiente, sobre outras pessoas? Alguma dificuldade? O que você fez a respeito? Como o resultado se encaixa nas suas previsões?	O quanto você acredita agora nos seus pressupostos originais (*antigas formas*) e alternativos (*novas formas*) (0-100%)? O que você aprendeu sobre os comportamentos de segurança? Você vai abandoná-los? Quais são as implicações práticas? Seu pressuposto nas *novas formas* precisa ser modificado? Em caso afirmativo, qual seria a versão modificada?
Pressuposto nas *antigas formas* **Pressuposto nas *novas formas***		**Previsão nas *antigas formas*** **Previsão nas *novas formas***		**Avaliações da crença:** **Pressuposto nas *antigas formas*** __%(__%) **Pressuposto nas *novas formas*** __%(__%)

(Continua)

(Continuação)

Resolvendo problemas potenciais
Que comportamentos compensatórios ou comportamento(s) de segurança habitual(is) (*antigas formas*) você normalmente utiliza para prevenir o que pensa que será o pior resultado?
Como você vai evitar fazer isto?
O que você vai fazer em vez disso?
Que problemas podem interferir?
Como você vai lidar com eles?

RESULTADO DO EXPERIMENTO COMPORTAMENTAL

Depois que você concluiu seu experimento comportamental, reserve algum tempo para pensar sobre o que aconteceu (e o que não aconteceu) para que possa completar as duas últimas colunas da folha de exercícios na página 179. As perguntas e tópicos o ajudarão a revisar a experiência e reunir as informações do experimento em um formato que possa usar enquanto continua trabalhando na questão relevante.

 EXERCÍCIO. Revisão do meu experimento comportamental

> Primeiro, olhe as páginas 182-184 e veja como foi o experimento de Shelly e o que ela depreendeu do que observou. Note que ela preencheu a quarta e a quinta coluna, "Resultado" e "O que aprendi". Para aproveitar ao máximo o seu aprendizado, ela respondeu às perguntas principais e reavaliou sua crença em seus pressupostos.

Agora, observe o resultado do seu próprio experimento e o que aprendeu na quarta e na quinta coluna na página 179.

REVISÃO DA FOLHA DE REGISTRO DO EXPERIMENTO COMPORTAMENTAL DE SHELLY

Cognição(ões)-alvo	Experimento	Previsão(ões)	Resultado	O que aprendi
Que *antigas formas* de pensamento, pressupostos ou crenças você está testando? Há algum pressuposto nas *novas formas* em que você preferiria acreditar ou atuar? Primeiro, avalie a crença nas cognições (0-100%) como uma crença no nível "visceral" e depois faça uma avaliação com a "mente racional" entre parênteses.	Planeje um experimento para testar a ideia nas *novas formas* (p. ex., enfrentando uma situação que de outra forma você evitaria, abandonando as preocupações, agindo de uma nova forma). Onde? Quando? Com quem? A que você irá prestar atenção?	O que você prevê que irá acontecer? Faça dois grupos de previsões, um baseado nos pressupostos em suas *antigas formas*, o outro baseado em pressupostos nas suas *novas formas*. Qual é a probabilidade desses resultados? Faça avaliações no "nível visceral" e com a "mente racional". (0-100%)	O que aconteceu realmente? O que você observou sobre si mesmo (comportamento, pensamentos, sentimentos, sensações corporais)? Sobre seu ambiente, sobre outras pessoas? Alguma dificuldade? O que você fez a respeito? Como o resultado se encaixa nas suas previsões?	O quanto você acredita agora nos seus pressupostos originais (*antigas formas*) e alternativos (*novas formas*) (0-100%)? O que você aprendeu sobre os comportamentos de segurança? Você vai abandoná-los? Quais são as implicações práticas? Seu pressuposto nas *novas formas* precisa ser modificado? Em caso afirmativo, qual seria a versão modificada?

(Continua)

Cognição(ões)-alvo	Experimento	Previsão(ões)	Resultado	O que aprendi
Pressuposto nas antigas formas Se eu permitir que meu supervisor observe a minha terapia, então ele irá perceber a terapeuta inútil que eu sou. 85% (40%) **Pressuposto nas novas formas** Embora eu não seja uma terapeuta perfeita, sei que sou suficientemente boa. Se eu permitir que meu supervisor veja o que eu faço, ele vai achar bom e me ajudará a melhorar. 10% (40%)	Durante a próxima semana, farei a gravação de uma sessão de terapia para a supervisão. Vou pedir que meu supervisor escute uma parte em que preciso de ajuda.	**Previsão nas antigas formas** Tenho uma imagem do meu supervisor sentado ali com expressão impassiva, um olhar que me diz o quanto ele está desapontado comigo. Poderei adivinhar que ele acha que eu sou uma terapeuta inútil. 80% (30%) **Previsão nas novas formas** Sei que eu já usei o feedback de forma efetiva no passado. Este é um dos meus pontos fortes. Não vou presumir o que ele está pensando e vou perguntar se eu não tiver certeza. Sei que sou boa como terapeuta e posso lidar com algum feedback negativo, apesar de desconfortável. 30% (50%)	Me forcei a gravar uma sessão e mostrei uma parte aleatória ao supervisor. Admiti que a semana inteira adiei fazer a gravação e só pedi ao cliente no fim da semana. Estava muito ansiosa por gravar a sessão e me senti um pouco tensa e artificial para começar, e então logo esqueci. Quando cheguei na supervisão, me senti ansiosa de novo e parte de mim queria evitar reproduzir a gravação. Tive que me manter forte para não tentar levar meu supervisor a uma conversa sobre uma questão teórica. Quando iniciei a fita me senti um pouco enjoada e muito vulnerável.	**Avaliações da crença:** **Pressuposto nas antigas formas** 35% (30%) **Pressuposto nas novas formas** 50% (60%) Preciso continuar fazendo isto. Minha crença inútil vem enfraquecendo, mas não vai simplesmente desaparecer. Tudo bem ser "suficientemente boa". É difícil para mim escrever isto, mas na verdade parte de mim percebe que eu sou uma terapeuta muito boa às vezes! Minha evitação na verdade está impedindo de me beneficiar com a supervisão e torna mais difícil realmente aprender. Fico me sentindo uma má terapeuta porque não pude receber nenhum feedback específico do meu supervisor.

(Continuação)

Cognição(ões)-alvo	Experimento	Previsão(ões)	Resultado	O que aprendi
			Aquilo me lembrou do quanto eu detestava prestar exames na escola e como sempre achava que eu iria ser "descoberta". Isso também me fez pensar em quanto tempo perco me preocupando com o que as outras pessoas pensam — tanto no trabalho quanto fora dele.	E se todos os meses eu programar situações em que temo ser exposta e tiver uma chance de obter informações novas? Sem dúvida vou fazer ou responder a uma pergunta a cada sessão de treinamento que eu for. Assim que notar esses antigos pensamentos de que não sou suficientemente boa, preciso por um instante me acalmar e pensar: "o que preciso fazer desta vez em vez de simplesmente aceitar os pensamentos?".

CRIANDO EXPERIMENTOS DE *FOLLOW-UP*

Usualmente são necessários vários experimentos para incorporar *novas formas de ser*. Portanto, pode ser importante elaborar experimentos de *follow-up*. Depois de concluir seu primeiro experimento, Shelly se deu conta de que precisava parar de evitar situações em que temia ser julgada. No quadro a seguir, Shelly elaborou planos para alguns experimentos de *follow-up*.

EXPERIMENTOS DE *FOLLOW-UP* DE SHELLY: O QUE, ONDE, COM QUEM?

Primeiro vou levar uma gravação da terapia para a minha supervisão em grupo; este é um teste importante para mim! Também preciso pensar sobre como fazer as coisas de forma diferente fora do trabalho, pois acho que isto faz parte do mesmo problema. Eu fico dentro da minha zona de conforto o tempo todo, tentando me assegurar de não fazer nada com que não me sinta confortável — só para evitar as pessoas me julgando. Também faço isto com as pessoas de quem sou próxima. Percebi que nem mesmo tento cozinhar novas receitas para Stevie porque, caso elas deem errado, ele vai achar que sou uma cozinheira terrível! Preciso passar mais tempo pensando sobre as diferentes situações que preciso experimentar; talvez eu comece com situações com pessoas com quem me sinto mais confiante e depois trabalhe nas coisas que parecem mais difíceis (p. ex., talvez começar uma nova classe de exercícios em vez de me manter na antiga com que estou familiarizada). Eu sempre quis voltar a tocar piano, que abandonei na escola. Vou planejar estudar isto na próxima semana.

Agora é a sua vez de elaborar alguns experimentos de *follow-up*.

MEUS EXPERIMENTOS DE *FOLLOW-UP*

PERGUNTAS AUTORREFLEXIVAS

O que você notou sobre sua experiência enquanto estava planejando um experimento comportamental? (Emoções? Pensamento? Comportamentos? Reações corporais?)

Você temeu a possibilidade de que previsões das *antigas formas* se tornassem realidade? Houve alguma diferença no quanto você acreditou na probabilidade desse resultado na sua "cabeça" ou "mente racional" comparado com seu "coração" ou "seu íntimo"?

O que você notou sobre sua experiência de realmente executar o experimento comportamental? Houve alguma coisa que o surpreendeu?

_____
_____
_____
_____
_____
_____
_____
_____
_____
_____
_____
_____
_____

O que você percebeu quando refletiu sobre seu experimento comportamental após o evento e tentou entender o que realmente aconteceu? Você notou alguma diferença entre "racional" e "visceral"?

_____
_____
_____
_____
_____
_____
_____
_____
_____
_____
_____
_____
_____

O que você aprendeu sobre si mesmo:

Como terapeuta?

_____
_____
_____
_____
_____
_____
_____
_____
_____
_____
_____

Como pessoa além da sua situação de trabalho?

_____
_____
_____
_____
_____
_____
_____
_____
_____
_____
_____
_____

De que forma você vai consolidar esta aprendizagem? O que precisaria fazer?

_____
_____
_____
_____
_____
_____
_____
_____
_____
_____
_____
_____
_____
_____

Tente trazer à mente um cliente específico que tenha feito uma mudança intelectual em suas crenças, mas que ainda está tendo dificuldades para mudar suas crenças em um nível racional ou visceral. Como você poderia usar um experimento comportamental para ajudar este cliente a fazer uma mudança em "nível visceral" na crença?

_____
_____
_____
_____
_____
_____
_____
_____
_____
_____
_____
_____

Que estratégias você usaria para ajudar seus clientes a aprenderem mais efetivamente com seus experimentos? Isto irá afetar como você revisa os experimentos comportamentais com eles?

Módulo 9

Construindo *novas formas de ser*

ADOREI o manual novas formas de ser... Fiquei surpreso com tantas coisas que eu tinha tendência a ignorar. É engraçado como eu uso essas coisas com os clientes e SEI o quanto elas são úteis, mas nunca uso comigo mesmo porque "não preciso". Achei fantástica a forma de encerrar o módulo, de fechar o círculo e chamar a atenção para o viés negativo, ainda me direcionando de volta para minha antiga forma de ser. E então esmagando-a em pedaços! Refletindo sobre as antigas e as novas formas de ser, posso ver que agora estou me sentindo mais confortável com o novo.
_ Participante de AP/AR

Os três próximos módulos apresentam um conceito, o modelo das *formas de ser*, que desenvolvemos no contexto deste livro. O foco da Parte I do livro foi identificar e compreender as *antigas formas de ser*. O foco da Parte II é desenvolver e fortalecer *novas formas de ser*. As estratégias para *novas formas de ser* enfatizam um foco nos pontos fortes em vez de focar no problema; elas também têm um enfoque fortemente experiencial. Como já descrevemos mais detalhadamente no Capítulo 2, o conceito de *antigas* e *novas formas de ser* foi derivado de duas fontes principais: a ciência cognitiva e as inovações clínicas recentes.

As influências da ciência cognitiva foram os modelos multiníveis de processamento da informação, em particular os subsistemas cognitivos interativos (SCI) de John Teasdale e Philip Barnard, que sugerem que, em níveis de processamento automático "mais profundos" (p. ex., padrões subjacentes, pressupostos, regras de vida, crenças nucleares), nossos pensamentos, imagens, comportamento, emoções e sensações corporais são relativamente indiferenciados e tendem a ser experienciados juntos como um "pacote": "*wheeled in*" (embaladas) e "*wheeled out*" (desembaladas) nos termos de Teasdale e Barnard. O modelo SCI também aponta o caminho para o reconhecimento crescente entre terapeutas da terapia cognitivo-comportamental (TCC) que estratégias experienciais, como experimentos comportamentais e imaginação, são centrais para criar mudança no nível do "coração" ou "visceral".

Para refletir esta compreensão mais holística dos níveis mais profundos de processamento da informação, criamos, para este livro, diagramas da nova formulação, os quais chamamos de "discos". Estes "discos" das *antigas formas de ser* e *novas formas de ser* consistem em três círculos concêntricos representando emoções/sensações corporais (dentro do mesmo círculo), cognições, comportamentos e padrões subjacentes.

Uma segunda influência foram as inovações clínicas de terapeutas criativos como Christine Padesky e Kathleen Mooney, Kees Korrelboom e colegas e Paul Gilbert; e o papel da psicologia positiva ao orientar a terapia para estados emocionais positivos (não só para a erradicação de estados negativos). Veja o Capítulo 2, em que essas inovações clínicas e suas relações com a ciência cognitiva são discutidas mais detalhadamente.

 EXERCÍCIO. Minhas *antigas formas de ser*

Iniciamos formulando suas *antigas formas de ser*. Primeiramente, dê uma olhada, a seguir, no exemplo do disco das *antigas formas de ser* de Shelly, na página 193, e como ela chegou lá.

> Shelly identificou suas emoções/sensações corporais, cognições, comportamentos e padrões de manutenção inúteis. Isto lhe exigiu um pouco de tempo. Ela teve que "buscar lá dentro" para identificar as emoções e as sensações corporais, e relembrou os padrões subjacentes, como evitação e comportamentos de busca de segurança, preocupação e ruminação e atenção seletiva, que a estavam mantendo emperrada.
>
> Depois que observou suas antigas formas de pensamento (cognições) no círculo intermediário do disco, ela avaliou o percentual da sua crença nelas (usou suas avaliações no experimento pré-comportamental para caracterizar suas *antigas formas de ser*, uma vez que o experimento comportamental no módulo 8 já causou algum impacto em suas crenças).

Agora, complete o disco das suas *antigas formas de ser* na página 194. Faça isso antes de prosseguir nas instruções. Foque nos problemas que você identificou, mas se eles já foram resolvidos, poderá estendê-los para algum outro problema pessoal ou relacionado ao trabalho que você notou nesse meio tempo. Pense em situações específicas para ajudar a gerar suas cognições que podem estar na forma de pensamentos automáticos, pressupostos subjacentes ou crenças pessoais e/ou como terapeuta; identifique as emoções/sensações corporais. Note as cognições e avalie o percentual da crença que tem neles; e note também os comportamentos que as acompanham, incluindo os padrões subjacentes e de manutenção de pensamento e comportamento.

Experimentando a terapia cognitivo-comportamental de dentro para fora 193

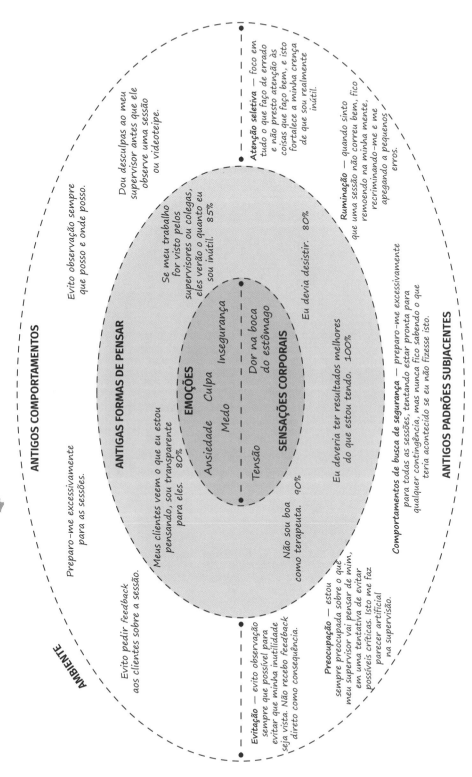

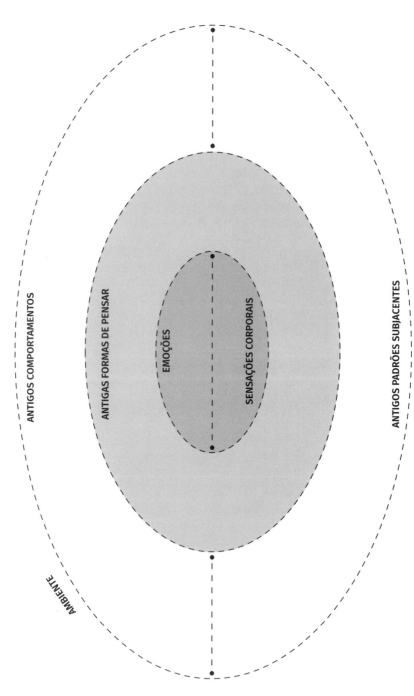

Reproduzido de *Experimentando a terapia cognitivo-comportamental de dentro para fora: um manual de autoprática/autorreflexão para terapeutas*, James Bennett-Levy, Richard Thwaites, Beverly Haarhoff e Helen Perry. Copyright 2015, The Guilford Press. A permissão para reprodução deste formulário é concedida aos compradores deste livro somente para uso pessoal. Os compradores podem fazer o download deste material na página do livro em loja.grupoa.com.br.

EXERCÍCIO. Estabelecendo minhas *novas formas de ser*

Agora é hora de criar suas *novas formas de ser*. Reserve alguns minutos e encontre um local tranquilo para fazer um exercício de imaginação. Isto será um pouco parecido com o trabalho de imaginação que você fez para seus objetivos, mas acrescentando um pouco mais de detalhes.

Normalmente, você precisará de duas ou três sessões para fazer isto com os clientes, portanto dê a si mesmo tempo suficiente para avançar com cautela em suas *novas formas de ser* e notar algumas das suas características. Então volte e note alguns outros elementos das novas formas. Antes de fazer este exercício, tire um tempo para ver o que Shelly escreveu no seu disco das *novas formas de ser* (página 196) e examine como ela chegou lá a partir da descrição a seguir. Shelly usou a imaginação. A imaginação é central para o processo das *novas formas de ser*.

> Shelly se imaginou como gostaria de ser — sentindo, pensando e fazendo as coisas exatamente da forma que gostaria de fazer. Em particular, imaginou como se sentiria em seu corpo e emocionalmente, caso as coisas ocorressem muito bem. Ela trouxe à mente seus pontos fortes (identificados no módulo 2) para embasar suas *novas formas de ser* e os incluiu, juntamente com seus novos padrões subjacentes, na base do disco. Então identificou os novos comportamentos e as novas formas de pensar que fluíam dos seus pontos fortes e novos padrões subjacentes. Note que ela avaliou sua crença nas suas novas formas de pensar, não só uma, mas duas vezes. Ela atribuiu dois tipos de avaliação:
>
> - Avaliação da crença em "nível visceral" — "como eu sinto internamente (mesmo que eu saiba racionalmente que é provável que aquilo não é tão ruim)".
> - Avaliação da crença em um "nível racional" (entre parênteses) — "o que a minha mente racional me diz que está mais de acordo com como as coisas realmente são".

A PERGUNTA-CHAVE É: "COMO EU GOSTARIA DE SER?"

Imagine-se exatamente como gostaria de ser nas situações que têm sido um problema, mesmo que neste momento seja difícil acreditar que você poderia sentir ou agir desta maneira. Veja-se claramente em uma destas situações, mas sentindo-se exatamente como gostaria de se sentir, agindo exatamente como gostaria de agir, pensando exatamente como gostaria de pensar sobre si mesmo e sobre a situação. Como você quer estar se sentindo? Você nota algum lugar particular em seu corpo em que sente isto? O que você se vê fazendo? Como se sente? Como é se sentir desta maneira no seu corpo? Que pontos fortes pessoais você está trazendo para a situação? Sinta-os em seu corpo também. Que pensamentos e imagens você está tendo: sobre você e sobre a situação? Em que aspectos o que você se vê fazendo é diferente de antes? Que novos padrões subjacentes de pensamento e comportamento você está incorporando ao seu repertório?

Depois de ter completado todo o disco na página 197, retorne às novas formas de pensar e avalie sua crença nestas novas ideias. Você pode anotar uma diferença entre como se sente internamente no nível "visceral" ("Eu sou inútil." 100%) e como se avaliaria se pensar muito racionalmente sobre isso ("Eu sou inútil." 50%). Primeiramente entre em sintonia com "como se sente no nível visceral" e coloque nesta avaliação. Depois, acrescente entre parênteses uma avaliação da "mente racional".

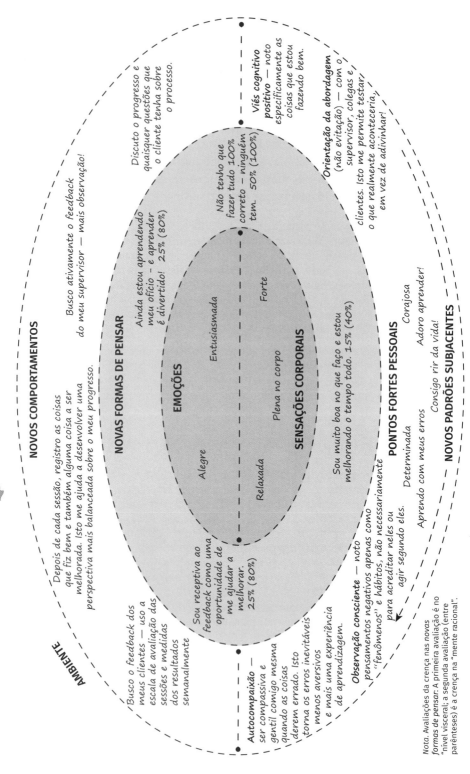

Experimentando a terapia cognitivo-comportamental de dentro para fora 197

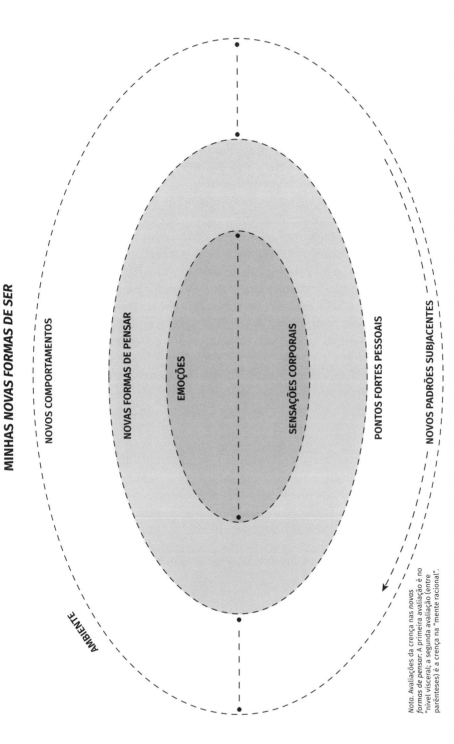

Nota. Avaliações da crença nas novas *formas de pensar:* A primeira avaliação é no "nível visceral; a segunda avaliação (entre parênteses) é a crença na "mente racional".

Reproduzido de *Experimentando a terapia cognitivo-comportamental de dentro para fora: um manual de autoprática/autorreflexão para terapeutas*, James Bennett-Levy, Richard Thwaites, Beverly Haarhoff e Helen Perry. Copyright 2015, The Guilford Press. A permissão para reprodução deste formulário é concedida aos compradores deste livro somente para uso pessoal. Os compradores podem fazer o *download* deste material na página do livro em loja.grupoa.com.br.

Você pode descobrir que inicialmente não tem muita crença nas novas formas de pensar ou confiança nos novos padrões de comportamento. Há inúmeras estratégias que podemos usar para construir crença e confiança. Apresentamos aqui o livro de registro de *novas formas de ser*. Nos próximos módulos, apresentaremos inúmeras outras formas de fortalecer novas crenças.

O livro de registro de *novas formas de ser* está baseado na premissa de que os vieses cognitivos negativos das nossas *antigas formas de ser* significam que habitualmente prestamos atenção a informações que reforçam nossas *antigas formas de ser*; sistematicamente desvalorizamos, ignoramos, distorcemos, minimizamos ou não notamos informações que poderiam apoiar uma *forma de ser* alternativa mais positiva. Por exemplo, no caso de Shelly, ela não leva em conta o fato de que muitos dos seus clientes estão apresentando um bom progresso, que eles compareçam regularmente às sessões e que o *feedback* que ela teve do seu supervisor foi quase inteiramente positivo.

O livro de registro de *novas formas de ser* é planejado para estabelecer evidências que apoiem as *novas formas de ser*. Como as *novas formas de ser* podem demorar algum tempo para se estabelecer e estabilizar, o livro de registro de *novas formas de ser* deve ser usado diariamente nas primeiras semanas. Sugerimos que você o use regularmente, de preferência diariamente, durante o período dos módulos restantes. Para *antigas formas de ser* mais intransigentes, os clientes podem precisar usar o livro de registro por alguns meses. A ideia do livro de registro de *novas formas de ser* é estar constantemente à procura de experiências que apoiem as *novas formas de ser* que você anteriormente não notou devido ao viés negativo (i. e., a ideia é perceber que você está fazendo bem pequenas coisas para "desenvolver músculos" para as *novas formas de ser*).

Para usar o livro de registro de *novas formas de ser*, há duas tarefas preparatórias:

1. Desenvolver uma declaração resumida das *novas formas de ser* que inclua elementos-chave das suas *novas formas de ser* (muito parecido com a declaração resumida do problema no módulo 2).
2. Determinar que tipos de comportamentos, formas de pensar, demonstrações de pontos fortes pessoais ou sensações corporais e emoções podem ser evidências de que você está agindo segundo suas *novas formas de ser*.

Estas tarefas são abordadas na folha de exercícios de preparação para o livro de registro.

 EXEMPLO: Folha de exercícios de preparação para o livro de registro de Shelly

Primeiro, iremos examinar a folha de exercícios de preparação para o livro de registro de *novas formas de ser* de Shelly, na página 199.

FOLHA DE EXERCÍCIOS DE PREPARAÇÃO PARA O LIVRO DE REGISTRO DE SHELLY

Minha declaração resumida das *novas formas de ser*

Estou procurando melhorar minhas habilidades o tempo todo. Presto atenção ao que faço bem para construir minha confiança. Intencionalmente, busco o feedback do meu supervisor e clientes, pois sei que é desta forma que aprenderei mais rapidamente — mesmo que seja penoso algumas vezes. Reconheço que, como qualquer um que está aprendendo um ofício, estou sujeita a cometer erros. Todos estão! Não vou me torturar por meus erros. Se fico negativa, observo meus pensamentos, sou compassiva e gentil comigo mesma, reconhecendo que recém estou aprendendo. E então redireciono o foco para todas as coisas que estou fazendo bem.

Exemplos dos tipos de comportamentos e formas de pensar e ser (incluindo meus pontos fortes pessoais) que demonstram que estou agindo segundo minhas *novas formas de ser* e que ajudarão a mantê-las ao longo do tempo.

Gravar as sessões de terapia (mesmo que parte de mim não queira fazer).
Buscar o feedback do meu supervisor.
Obter feedback dos clientes rotineiramente, incluindo as avaliações de satisfação (obs.: usar a escala de avaliação da sessão).
Notar quando meus clientes estão melhorando — e parabenizar a mim mesma.
Afastar-me dos sentimentos negativos sobre mim mesma mais rapidamente.
Rotineiramente notar as coisas que estou fazendo bem (depois de cada sessão).
Parabenizar a mim mesma por notar coisas em que eu posso melhorar. Reconhecer que registrar as coisas é uma forma de melhorar como terapeuta.
Não me torturar pelas coisas que não estou fazendo bem.
Ter uma atitude positiva em relação ao trabalho com meus clientes.
Aguardar com expectativa as sessões de supervisão.

 EXERCÍCIO. Minha folha de exercícios de preparação para o livro de registro

Agora é a sua vez de usar a folha de exercícios de preparação, na página 200, para o livro de registro de *novas formas de ser*.

MINHA FOLHA DE EXERCÍCIOS DE PREPARAÇÃO PARA O LIVRO DE REGISTRO

Minha declaração resumida das *novas formas de ser*

Exemplos dos tipos de comportamentos e formas de pensar e ser (incluindo meus pontos fortes pessoais) que demonstram que estou agindo segundo minhas *novas formas de ser* e que ajudarão a mantê-las ao longo do tempo.

Reproduzido de *Experimentando a terapia cognitivo-comportamental de dentro para fora: um manual de autoprática/ autorreflexão para terapeutas*, James Bennett-Levy, Richard Thwaites, Beverly Haarhoff e Helen Perry. Copyright 2015, The Guilford Press. A permissão para reprodução deste formulário é concedida aos compradores deste livro somente para uso pessoal. Os compradores podem fazer o *download* deste material na página do livro em loja.grupoa.com.br.

USANDO O LIVRO DE REGISTRO DE *NOVAS FORMAS DE SER*

Para desenvolver "músculos" para as *novas formas de ser*, o livro de registro é mais indicado se for usado regularmente, por algumas semanas ou alguns meses. Embora faltem dados, nossa sugestão seria anotar um dos cinco exemplos das *novas formas de ser* todos os dias no livro de registro durante pelo menos um mês, e depois disso continuar quando necessário. O livro de registro de *novas formas de ser* é apresentado neste módulo e nos módulos seguintes deste livro para que você possa julgar que valor tem para você a repetida "construção de músculos". Um caderno simples ou um diário com cada dia demarcado é um livro de registro ideal. Ou então, você pode usar a função "bloco de notas" no seu *smartphone* como uma forma simples de levar com você seu livro de registro.

 EXEMPLO: Livro de registro de *novas formas de ser* de Shelly

O quadro a seguir mostra o que Shelly escreveu nos dois primeiros dias do seu livro de registro.

Exemplos das minhas *novas formas de ser*: segunda-feira

1. Pedi feedback ao meu cliente MF.
2. Pedi feedback à minha cliente MM e lhe dei uma escala de avaliação da sessão para preencher. Depois, discutimos suas avaliações. Que bom que ela achou que a sessão realmente funcionou para ela!
3. Pedi feedback à cliente AH e lhe dei uma Escala de avaliação da sessão para preencher. Discutimos suas avaliações. Ela me disse que a sessão tinha corrido bem, mas que achava que não estava tendo progresso. Inicialmente me senti devastada. Depois me lembrei das minhas novas formas de ser — é claro, esta é uma oportunidade de aprender! Preciso perguntar, na próxima vez, no início da sessão, o que ela entende como progresso, como seria e discutir como poderíamos chegar lá, o que poderíamos fazer diferente. Talvez feedback seja uma boa ideia!
4. Tenho todos estes relatos para fazer. Fiquei muito deprimida — até me lembrar de não afundar nos meus estados negativos — para fazer minha observação consciente. Aquilo foi realmente útil.

Exemplos das minhas *novas formas de ser*: terça-feira

1. Supervisão — uau, foi tão diferente! John disse que eu havia feito uma boa formulação de caso. Ele também achou que eu tinha me saído muito bem ao elaborar o experimento comportamental. Ei, estou fazendo algumas coisas corretamente — e notando o feedback positivo de John em vez de pensar que apenas tive sorte.
2. Supervisão de novo... em vez de tentar esconder meus sentimentos de inadequação ao trabalhar com a cliente AH, fui em frente e contei a John como me sinto, o que está acontecendo na terapia e sobre a minha paralização. Ele me cumprimentou por falar sobre os meus sentimentos e depois me disse que com frequência sentia isso com os clientes! Foi realmente uma ótima conversa, e tive algumas ideias muito úteis.

3. Me saí bem na sessão com DW! Ele percebeu que seu pensamento realmente influencia como ele se sente, sendo que esta é a primeira vez que ele realmente "entendeu".
4. GB está melhorando — BAI baixou 5 pontos desde a semana passada. Devo estar fazendo alguma coisa direito — bem, na verdade ela me disse que "fazer aquela coisa engraçada de imaginar" fez uma grande diferença!
5. Sessão de EH — não muito boa. Sem melhora. Muito emperrado. Eu me senti sem esperança... Não, tudo bem, vou levar isto para a próxima sessão de supervisão. É uma oportunidade de aprender... Bem, ainda não superei o sentimento, mas pelo menos vejo que posso aprender com isto, em vez de me sentir envergonhada. Vou ser gentil comigo mesma esta noite e aproveitar o concerto — e, sem dúvida, tentar me esquecer da sessão!

 EXERCÍCIO. Livro de registro das minhas *novas formas de ser*

Crie ou compre um livro para registro adequado, ou use um *smartphone*, e comece a registrar exemplos das suas *novas formas de ser* diariamente durante o próximo mês. Assinale os dias. Dê a si mesmo pistas e lembretes (p. ex., usando o alarme do seu *smartphone*) para se lembrar de anotar os exemplos.

 PERGUNTAS AUTORREFLEXIVAS

Foi fácil ou difícil construir suas *novas formas de ser*? Como isto se compara com o mapeamento das suas *antigas formas de ser*? Houve alguma diferença em como você se sentiu internamente enquanto mapeava as *antigas formas de ser* e construía as *novas formas de ser*?

Como você se saiu usando a imaginação para construir suas *novas formas de ser*? Há mais alguma coisa que você poderia ter feito para construir *novas formas de ser*?

Quais são as implicações para sua prática clínica da experiência de estabelecer suas *novas formas de ser*?

Ao fazer avaliações das crenças para suas *novas formas de ser*, houve diferenças entre as avaliações "viscerais" e as avaliações com a "mente racional"? O que você depreende disto? O quanto isto é relevante para os clientes? Como você poderia trazer esta distinção para sua prática clínica?

O que você vai fazer para se lembrar de praticar suas *novas formas de ser* regularmente?

Foi fácil ou difícil encontrar exemplos das suas *novas formas de ser* usando o livro de registro? Você está notando coisas que anteriormente não havia notado? O que você depreende disto?

_____
_____
_____
_____
_____
_____
_____
_____
_____
_____
_____
_____

Se você fosse contar a um colega o que ganhou com este módulo, o que você diria?

_____
_____
_____
_____
_____
_____
_____
_____
_____
_____
_____
_____
_____
_____

Módulo 10

Incorporando *novas formas de ser*

Consegui imaginar a minha história muito bem — eu estava lá... Isto me ajudou a perceber que eu tenho negligenciado muito as minhas novas formas de ser... Não vou me esquecer disso tão depressa. Acho que isto serviu ao seu propósito de me ajudar a me manter focado — em vez de olhar para trás e ver evidências do que eu não sou, vou olhar para a frente buscando evidências do que eu sou.
    _ Participante de AP/AR

No módulo 9 você estabeleceu *novas formas de ser* e preparou o livro de registro das *novas formas de ser* para anotar exemplos das suas *novas formas de ser* em ação. Os próximos dois módulos usam uma variedade de estratégias para fortalecer as *novas formas de ser*. Neste módulo, usamos estratégias narrativas, de imaginação e orientadas para o corpo, derivadas do trabalho baseado nos pontos fortes de Korrelboom e colegas: treinamento de memória competitiva (COMET). No módulo 11, continuaremos a construir as *novas formas de ser* usando experimentos comportamentais. Também continuaremos com o livro de registro das *novas formas de ser* durante as próximas semanas.

Para este módulo, sugerimos que você faça os exercícios regularmente durante algumas sessões, portanto poderá ser preciso reservar mais tempo. Desenvolvendo *novas formas de ser* é sobre "desenvolver os músculos" das novas habilidades. Desenvolver músculos demanda tempo e prática como qualquer treinamento físico, portanto as tarefas de casa planejadas para facilitar isto fazem parte do módulo. O módulo é constituído de várias fases distintas que você pode escolher fazer em diferentes momentos.

Primeiro, examinamos o livro de registro das *novas formas de ser* até aqui. Como você lembrará, nós preparamos isto como tarefa de casa a ser realizada diariamente.

 EXERCÍCIO. Revisão do livro de registro das *novas formas de ser*

Como tem sido usar o livro de registro das *novas formas de ser* até agora? Em que medida você conseguiu utilizá-lo? Houve algum impacto nas suas crenças no "nível visceral"? Quantas vezes você registrou exemplos? Usou diariamente? Deixou de usar algum dia? Esqueceu-se dele completamente ou não usou-o por alguma razão? Registre suas respostas no formulário na página 208.

REVISÃO DO LIVRO DE REGISTRO DAS *NOVAS FORMAS DE SER*

1. Qual foi o impacto do livro de registro das *novas formas de ser*?	
2. O quanto você usou o livro de registro das *novas formas de ser* desde o módulo 9?	Número de dias: Número de entradas por dia:
3. O que (e se) atrapalhou? Se alguma coisa atrapalhou, volte ao módulo 6 — exercício *Razões para não completar as tarefas de autoprática/autorreflexão (AP/AR)*. Verifique quais delas podem ser relevantes.	
4. Se necessário, resolva o problema de como você poderia incluir o livro de registro das *novas formas de ser* em sua rotina diária nas próximas semanas. Use a folha de exercícios de solução de problemas do módulo 6 como base (p. ex., definição do problema; *brainstorm* das opções; pontos fortes e pontos fracos; escolha da solução; planejamento da implementação; possíveis problemas; como superar esses problemas).	

Reproduzido de *Experimentando a terapia cognitivo-comportamental de dentro para fora: um manual de autoprática/autorreflexão para terapeutas*, James Bennett-Levy, Richard Thwaites, Beverly Haarhoff e Helen Perry. Copyright 2015, The Guilford Press. A permissão para reprodução deste formulário é concedida aos compradores deste livro somente para uso pessoal. Os compradores podem fazer o *download* deste material na página do livro em loja.grupoa.com.br.

Em geral, as *antigas formas (inúteis) de ser* têm um forte viés cognitivo negativo, tornando as memórias de ocasiões passadas de ansiedade ou fracasso altamente acessíveis, e as memórias de ocasiões passadas de sucesso relativamente inacessíveis. Kees Korrelboom e colegas sugerem que umas das formas de fortalecer as *novas formas de ser* é procurar e recuperar memórias de ocasiões passadas em que exibimos qualidades positivas em situações similares ou relacionadas. Podemos então reencenar ou reexperimentar essas memórias de modo que elas se tornem mais relevantes para nós. As estratégias a seguir são derivadas do treinamento COMET de Korrelboom. O propósito da intervenção COMET é aumentar o acesso a memórias positivas (veja o Capítulo 2 para a justificativa da ciência cognitiva para COMET, derivada do modelo de competição pela recuperação de Chris Brewin).

HISTÓRIAS EM QUE AS QUALIDADES DAS *NOVAS FORMAS DE SER* ESTIVERAM EM EVIDÊNCIA

O primeiro exercício de COMET envolve escrever uma narrativa sobre duas ocasiões em que as qualidades das *novas formas de ser* estiveram em evidência. Elas podem ser situações similares à área problemática atual em que o cliente apresenta qualidades positivas (p. ex., persistência na escola ou persistência em completar uma caminhada desafiadora de 4 dias). O exercício termina com um resumo das qualidades positivas exibidas.

 EXEMPLO: persistência de Shelly na escola em face de adversidade

A seguir apresentamos uma das histórias de Shelly, em que suas qualidades das *novas formas de ser* estiveram em evidência. Refere-se à sua época na escola.

HISTÓRIA 1

Quando eu tinha 10 anos, fiquei doente por seis meses com uma "doença misteriosa" que posteriormente revelou ser um vírus do tipo fadiga crônica. Perdi mais da metade do ano na escola. Eu não conseguia ver meus amigos e, quando voltei para a escola, eu me senti um pouco de lado. Entrei em uma turma com um grupo diferente de crianças que pareciam não gostar muito de mim. Lembro-me de ir para casa e dizer que eu queria parar de ir à escola. Eu tinha que parar. Mas minha mãe e meu pai insistiram para que eu voltasse. Na verdade, eu não tinha confiança, achava que nunca iria me recuperar na escola, que sempre teria dificuldades. Isso deve ter acontecido durante os três meses seguintes. Mas o ponto de virada foi no dia em que a Sra. Hawton me chamou de lado no recreio, pediu que eu me sentasse junto ao muro da quadra de esportes e me perguntou como eu estava me saindo. Eu lhe contei a verdade. Acho que ela já sabia. E ela foi tão gentil. Ela propôs nos encontrarmos por um tempo extra nos finais dos dias de aula — no fim, só fizemos isto duas vezes — e de alguma forma a sua gentileza fez toda a diferença. A partir daquele momento, eu me senti determinada e decidi que conseguiria dar conta. Dentro de duas ou três semanas, percebi que estava por dentro das coisas. Em seis semanas, eu estava acompanhando bem a turma, e depois disso tudo fluiu pelo resto do ano. Por fim, aquele foi provavelmente meu melhor ano na escola.

> **O QUE ESTA HISTÓRIA DIZ SOBRE MIM?
> E SOBRE MINHAS QUALIDADES POSITIVAS?**
>
> *Posso demonstrar determinação incrível e me saio muito bem quando fico animada. Realmente parece ser muito útil conversar com alguém e sentir o seu apoio. Sentir apoio parece ser suficiente até que a minha própria determinação e persistência assumam o controle.*

 EXERCÍCIO. Histórias em que as qualidades das *novas formas de ser* estiveram em evidência

Recorde-se de duas histórias do passado em que você demonstrou elementos das suas *novas formas de ser*. Podem ser situações similares à sua área problemática atual em que você exibiu qualidades positivas ou outras circunstâncias em que tipos de qualidades similares eram evidentes. Descreva as situações com o máximo possível de detalhes, elaborando as qualidades que você exibiu. Na frase resumida no final das histórias, anote o que as histórias dizem sobre você e sobre as suas qualidades.

MINHAS HISTÓRIAS COM AS QUALIDADES DAS *NOVAS FORMAS DE SER*

História 1

O que essa história diz sobre mim? E sobre minhas qualidades positivas?

História 2

O que essa história diz sobre mim? E sobre minhas qualidades positivas?

 EXERCÍCIO. Reexperimentando a(s) histórias(s) na imaginação

Quais dessas histórias demonstram de forma mais convincente as *novas formas de ser*? Releia as histórias atentamente.

> Reserve alguns momentos de silêncio e use a imaginação para reexperimentar uma ou as duas histórias: feche os olhos e sinta-se de volta à situação, revendo-a em câmera lenta na sua mente. Observe suas sensações corporais, suas emoções, suas ações momento a momento enquanto foca em particular no período de tempo em que você exibiu as qualidades positivas em seu maior efeito.
> Se tiver tempo, escolha sua segunda história e a examine em um processo similar.

> **REEXPERIMENTANDO A(S) HISTÓRIA(S) NA IMAGINAÇÃO**
>
> Como foi sua experiência? O que você notou em seu corpo e emoções? Como você se sentiu posteriormente?

ADICIONANDO MÚSICA E MOVIMENTO CORPORAL À HISTÓRIA QUE VOCÊ IMAGINOU

Pesquisas sugerem que focar em como você está se sentindo em seu corpo e ouvir música animada pode intensificar a emoção e a experiência positiva. O próximo exercício adiciona música e movimento corporal à narrativa e à imaginação. Primeiramente, escolha uma música que simbolize todas as qualidades positivas que você apresentou na(s) história(s). No exercício, você será solicitado a movimentar seu corpo de uma forma que capture as qualidades positivas que está experimentando na situação, fazendo isto acompanhado da sua música escolhida.

 EXEMPLO: Shelly adicionou música e movimento corporal

> Primeiro Shelly escolheu uma de suas músicas favoritas que, para ela, simbolizavam força, poder e determinação. Então, quando se colocou em movimento conforme a música, ela notou o quanto se sentia alta enquanto andava e como seus ombros e costas pareciam muito mais fortes. Ela se sentiu forte e renovada — pronta para enfrentar o mundo!

EXERCÍCIO. Adicionando música e movimento corporal à história que você imaginou

> Experimente sua história em seu corpo usando movimento, música e imaginação. Em particular, sinta as qualidades mais importantes que se revelaram com a sua história. Seu movimento deve simbolizar como você se sente quando experimenta essas qualidades. Traga à mente uma imagem de si mesmo no meio da história, expressando essas qualidades. Toque a música e, ao mesmo tempo, movimente seu corpo (p. ex., caminhe, expresse-se com as mãos, os braços, as pernas, a face). Note como você se sente. Continue fazendo isso por alguns minutos, notando como se sente internamente, no seu corpo e na sua mente. Repita o exercício quatro vezes na próxima semana.

ADICIONANDO MÚSICA E MOVIMENTO CORPORAL À MINHA HISTÓRIA

Como foi a sua experiência?

Suas *novas formas de ser* quase inevitavelmente encontrarão problemas quando desafiadas por situações difíceis. Para antecipá-las e abordá-las, podemos identificar questões particulares que podem ser um problema e desenvolver estratégias para lidar com elas.

 EXERCÍCIO. Antecipando problemas potenciais

Que situações você antecipa que causarão problemas para suas *novas formas de ser*? Isto pode incluir suas respostas emocionais, cognitivas ou comportamentais; o comportamento de outras pessoas; ou fatores que tenham a ver com o ambiente (p. ex., normas ou procedimentos em casa ou no ambiente de trabalho). Anote essas situações na página 214.

SITUAÇÕES POTENCIALMENTE PROBLEMÁTICAS
1.
2.
3.

IDEIAS OU REGRAS PARA ABORDAR PROBLEMAS POTENCIAIS

Usamos estratégias de solução de problemas (como no módulo 6) para abordar problemas potenciais. Uma forma efetiva de abordar problemas com as *novas formas de ser* é criar regras específicas para combatê-los, como no módulo 7 sobre pressupostos subjacentes e regras de vida. Essas regras podem assumir a forma de afirmações do tipo *se...* [nomeie o problema], *então...* [estratégia corretiva].

 EXEMPLO: nova regra de Shelly para abordar um problema potencial

Uma das situações problemáticas para Shelly foi causada pelo fato de seus clientes não melhorarem. Usando uma abordagem de solução de problemas, ela fez um *brainstorm* de várias opções:

- *Não atribuir automaticamente a ausência de melhora à minha falta de habilidade; há muitas outras possibilidades que não posso controlar.*
- *Muitos clientes não melhoram durante a terapia, isto é uma realidade.*
- *Pedir que eles listem os fatores aos quais atribuem a ausência de melhora.*
- *Discutir as opções com eles.*
- *Discutir esses casos com meu supervisor.*

A regra que ela desenvolveu foi: *se* o meu cliente não estiver melhorando, *então* há muitas razões possíveis, sendo que apenas uma delas é falta de habilidade da minha parte. Não devo me apressar em tirar conclusões sem antes investigar cuidadosamente as razões.

EXERCÍCIO. Minha(s) nova(s) regra(s) para abordar problemas potenciais

Crie uma ou mais regras para si mesmo para abordar problemas potenciais, usando o formato *se...* [problema], *então...* [estratégia corretiva].

MINHAS NOVAS REGRAS

1.

2.

3.

4.

 EXERCÍCIO. Tarefa de casa para fortalecer minhas *novas formas de ser*

Desenvolver músculos para *novas formas de ser* exige prática regular (diária) — de imaginação e comportamental —, experimentação e *feedback*, e depois fazer ajustes quando necessário. A tarefa de casa é, portanto, uma parte essencial do trabalho com *novas formas de ser* para estabelecer novas formas de pensar, padrões, emoções e comportamentos. Para adquirir a experiência de construir *novas formas de ser*, apresentamos a seguir dois exercícios como tarefa de casa para prática durante as próximas semanas. Você poderá usar etiquetas adesivas e/ou lembretes na agenda para ajudá-lo a lembrar de praticar e registrar suas experiências todos os dias.

> Usando movimento e música, pratique se imaginar implementando novas regras, padrões e comportamentos para abordar situações potencialmente problemáticas em pelo menos 4 dias durante a próxima semana. Anote o impacto na folha de registro da tarefa de casa com prática de imaginação de *novas formas de ser* na página 216.

Além disso, continue seu livro de registro de *novas formas de ser* diariamente. Anote o impacto.

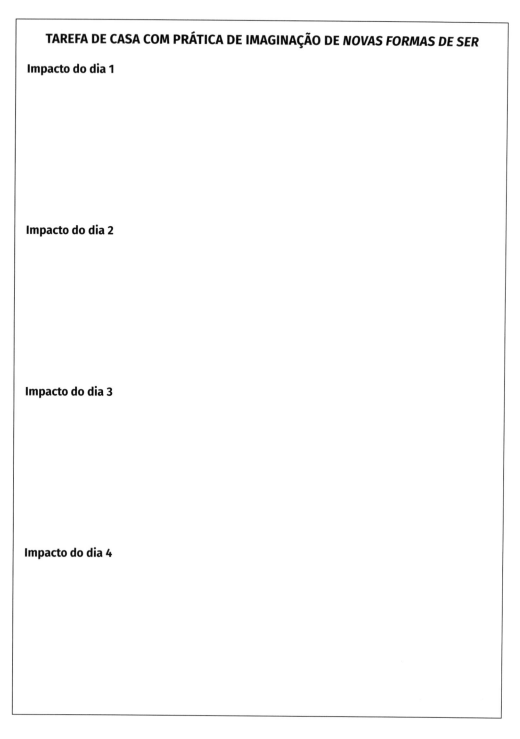

PERGUNTAS AUTORREFLEXIVAS

Como foi encontrar histórias do passado em que as qualidades das *novas formas de ser* foram exibidas? Foi fácil ou difícil escrever sobre elas? O que você experimentou corporalmente, emocionalmente e cognitivamente enquanto escrevia sobre elas? Elas foram fáceis ou difíceis de imaginar? Qual foi o impacto?

Como a facilidade ou a dificuldade que você experimentou na recuperação das histórias poderia ser relacionada com as experiências dos clientes? Como sua própria experiência o auxiliaria no trabalho com os clientes?

O movimento e a música fizeram diferença em como você se sentiu? Você continuou a praticar? Como você acha que isso poderia se traduzir na sua prática clínica?

É possível que anteriormente você não tenha se deparado com a abordagem de construção de *novas formas de ser* usada neste módulo. A nova abordagem se encaixa confortavelmente na forma como você geralmente usa suas habilidades da terapia cognitivo-comportamental (TCC)? Que pensamentos e sentimentos surgem para você quando se imagina usando esta intervenção com os clientes? Esses pensamentos e sentimentos espelham alguma das suas outras reações durante o curso dos exercícios deste livro? Em caso afirmativo, há alguma relação que você possa fazer?

No que diz respeito à sua crença e confiança em suas *novas formas de ser*, você está experimentando algum conflito entre o quanto acredita em suas *novas formas de ser* racionalmente e o quanto acredita em seu "coração" ou no "nível visceral"? Você já contrastou "cabeça" e "coração" anteriormente. Você está experimentando alguma mudança relacionada a essas duas formas de processar a informação sobre si mesmo?

_____
_____
_____
_____
_____
_____
_____
_____
_____
_____

Qual foi a coisa mais difícil de fazer? Alguma coisa foi particularmente fácil? Em caso afirmativo, você pode explicar? Que partes deste módulo realmente se destacam e você gostaria de lembrar?

_____
_____
_____
_____
_____
_____
_____
_____
_____
_____
_____

Módulo 11

Usando experimentos comportamentais para testar e fortalecer *novas formas de ser*

A única dificuldade que tive para escolher um experimento foi porque eu achava que tinha muitas opções. Isso foi definitivamente notável, pois acho que eu teria tido muita dificuldade com isso 6 meses atrás, devido à minha (antiga) tendência a evitar. Minhas antigas formas de ser *certamente teriam atrapalhado — não faça isso, você parece um tolo, eles não vão gostar de você, você vai se magoar. Ah, as tolas* antigas formas de ser.
 _ Participante de AP/AR

No módulo 8, discutimos os diferentes tipos de experimentos comportamentais e seus propósitos. Você testou um pressuposto inútil relacionado às suas *antigas formas de ser* e o comparou com um novo pressuposto alternativo. Nos módulos 9 e 10, apresentamos a ideia do desenvolvimento e do fortalecimento de *novas formas de ser* usando técnicas que vão desde a imaginação até o livro de registro das *novas formas de ser*. Neste módulo, iremos criar outro experimento comportamental, mas, desta vez, seu objetivo será construir evidências para um pressuposto novo e útil relacionado ao trabalho ou à vida pessoal especificamente concebido para fortalecer as suas *novas formas de ser*. No entanto, antes de fazer isso, vamos verificar como você está se saindo com o livro de registro das *novas formas de ser* e os exercícios incorporados que você praticou no módulo 10.

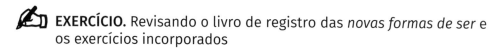

EXERCÍCIO. Revisando o livro de registro das *novas formas de ser* e os exercícios incorporados

Preencha o formulário na página 222.

LIVRO DE REGISTRO DAS *NOVAS FORMAS DE SER* E EXERCÍCIOS INCORPORADOS

Livro de registro das *novas formas de ser*:

Você conseguiu registrar mais exemplos de *novas formas de ser* desde o módulo 10? Em caso afirmativo, qual foi o impacto?

Em caso negativo, o que atrapalhou, e o que você poderia fazer para retomar o caminho?

Exercícios incorporados:

Você conseguiu colocar em prática algum dos exercícios incorporados (narrativas, imaginação, movimento e música)? Como isto se desenrolou?

Se você não conseguiu ou relutou em fazer, o que o atrapalhou? Há alguma estratégia que você possa colocar em prática para abordar isto? (Se alguma coisa realmente atrapalhou, talvez você possa voltar ao módulo 6 — no exercício *Razões para não fazer (tarefas de) AP/AR*. Marque quais delas poderiam ser relevantes.)

IDENTIFICANDO UM PRESSUPOSTO NAS *NOVAS FORMAS DE SER* PARA O EXPERIMENTO COMPORTAMENTAL

Como você já viu no módulo 8, para criar um experimento comportamental, precisamos identificar um pressuposto ou uma crença específica que pode ser testada por um experimento específico ou por uma série de experimentos. Em geral, quando as pessoas estão testando um pressuposto negativo ou notando se uma catástrofe temida realmente acontece, o questionamento pode revelar um pensamento claro (verbal ou baseado em imagens) que pode ser diretamente testado (p. ex., "Vão rir de mim", "Vou fracassar", "Serei rejeitado"). No entanto, quando estamos na nossa mentalidade das *antigas formas de ser* testando um pressuposto negativo, geralmente é difícil fazer previsões positivas específicas.

Como você já está no processo de desenvolvimento das suas *novas formas de ser*, poderá abordar o próximo experimento comportamental com uma crença mais forte em um novo pressuposto, ou conjunto de pressupostos, do que no experimento comportamental anterior, no módulo 8. Entretanto, ainda pode haver uma lacuna entre as suas crenças em nível racional ou visceral. Este experimento é uma chance de fazer um "*test drive*" de um novo pressuposto e adquirir alguma compreensão experiencial de como ele pode se "encaixar" na prática. Você pode descobrir o que acontece quando pratica uma nova forma de se comportar associada às suas *novas formas de ser*. O que lhe parece? Como as pessoas reagem? O que você pode aprender? O pressuposto precisa ser adaptado ou ajustado?

 EXEMPLO: pressuposto das *novas formas de ser* de Jayashri

> Nos primeiros módulos do livro de autoprática/autorreflexão (AP/AR), Jayashri identificou que era propensa a ser muito crítica com tudo o que percebia como uma falha e tinha dificuldade para ser compassiva consigo mesma. Ela identificou um pressuposto: "Se eu for compassiva comigo mesma, isto levará a uma aceitação da falha, à acomodação e a baixos padrões". Em algum nível ela achava que a autocrítica era útil e a única forma de melhorar. Durante os módulos 7 a 10, Jayashri começou a perceber que poderia ser útil integrar autocompaixão às suas *novas formas de ser*. Ela sabia que podia ser muito compassiva com outras pessoas (p. ex., com sua irmã mais nova), mas percebeu que tinha uma atitude muito mais severa em relação a si mesma, o que estava sabotando a sua confiança. Seu novo pressuposto a ser testado era: "Se eu demonstrar autocompaixão e aceitação em relação a mim mesma depois de algum erro, isto tornará mais fácil mudar e melhorar". Ela já tinha algumas evidências para essa ideia desde seus primeiros experimentos, mas achava que um teste direto do pressuposto poderia lhe dar uma experiência "visceral" real, o que poderia começar a consolidar uma nova forma de pensar.

 EXERCÍCIO. Criando o pressuposto das minhas *novas formas de ser*

Para identificar um pressuposto que você gostaria de testar, agora pode ser útil voltar a focar em seu trabalho nos módulos 9 e 10 para "entrar no clima". Imagine plenamente suas *novas formas de ser*; veja se consegue experimentar uma sensação de como seria pensar, sentir e agir desta forma. Depois de mergulhar em suas *novas formas de ser*, use a experiência para identificar um pressuposto útil que possa ser testado por um experimento comportamental. Ou então você pode querer usar o novo pressuposto do módulo 8 e criar outro experimento para construir mais evidências dele.

> O pressuposto das minhas *novas formas de ser* a ser testado é:

PLANEJANDO O EXPERIMENTO COMPORTAMENTAL

A folha de registro do experimento comportamental das *novas formas de ser* é muito semelhante à folha de exercícios de planejamento para comparar antigos e novos pressupostos no módulo 8, exceto que não há um foco em algum "antigo pressuposto". O propósito é construir evidências para o novo pressuposto, derivadas das *novas formas de ser*. Como no módulo 8, identificamos e resolvemos problemas potenciais, e então realizamos o experimento comportamental e completamos a folha de revisão. Após o experimento, nosso objetivo é possibilitar que o resultado realmente seja entendido, e então usar os achados para gerar claras ações de *follow-up*.

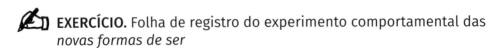 **EXERCÍCIO.** Folha de registro do experimento comportamental das *novas formas de ser*

Primeiro, examine o exemplo de Shelly nas páginas 225-226. Shelly decidiu testar suas *novas formas de ser* no contexto de uma sessão de supervisão. Depois, complete sua folha de registro do planejamento nas páginas 227-228 com o máximo de detalhes que puder.

FOLHA DE REGISTRO DO EXPERIMENTO COMPORTAMENTAL DAS NOVAS FORMAS DE SHELLY (TRÊS PRIMEIRAS COLUNAS)

Cognição(ões)-alvo	Experimento	Previsões	Resultado	O que aprendi
Quais são algumas das suas *novas formas de pensar*? O que seria um pressuposto útil nas *novas formas* a ser testado? Avalie sua crença nas cognições (0-100%), primeiramente como uma avaliação da crença em um "nível visceral" e depois com a avaliação com a "mente racional" entre parênteses.	Planeje um experimento para testar a ideia das *novas formas*. Qual dos seus pontos fortes e *novas formas de ser* poderiam ser úteis aqui?	O que você prevê que irá acontecer segundo a perspectiva das *novas formas*? Quão provável você acha que isso realmente vai acontecer (no nível visceral e no nível racional?) (0-100%)	O que realmente aconteceu? O que observou sobre si mesmo (comportamento, pensamentos, sentimentos, sensações corporais)? Sobre seu ambiente, sobre as outras pessoas? Alguma dificuldade? O que você fez a respeito? Como o resultado se encaixa nas suas previsões?	O quanto você acredita agora no pressuposto das suas *novas formas* (0-100%)? O que você aprendeu sobre comportamentos de segurança? Você vai abandoná-los? Quais as implicações práticas? O pressuposto das suas *novas formas* precisa ser modificado? Em caso afirmativo, como seria a versão modificada?
Novas formas de pensar *Eu não tenho que fazer tudo 100% certo — ninguém tem. Ainda estou aprendendo o meu ofício — e aprender é divertido. Sou muito boa no que faço e estou melhorando o tempo todo.* **Pressuposto das novas formas** *Se eu admitir para o meu supervisor que não sei o que fazer com um cliente, ele vai me apoiar e vou aprender com a experiência. 10% (85%)*	*Durante a próxima semana, levarei um caso para supervisão em que fiquei emperrada e serei honesta sobre não saber o que fazer. Não vou me esconder disso ou fingir que tudo está correndo bem.*	*Meu supervisor vai reconhecer a minha honestidade e me ajudar a aprender — é para isso que ele está lá. Eu vou me sentir ansiosa e vulnerável, mas, afinal, vou me beneficiar. 30% (70%)*		**Avaliações da crença: Pressuposto das *novas formas*** ___% (___%)

(Continua)

(Continuação)

Resolvendo problemas potenciais

Em que antigas formas de se comportar você se enquadra?
Eu posso tentar evitar gravar uma sessão não pedindo aos clientes, ou mesmo fingir que a minha câmera de vídeo está estragada. Posso tentar desviar a supervisão para uma discussão em torno do risco para evitar mostrar a gravação.

Quais dos seus pontos fortes e novas formas de ser poderiam ser úteis aqui?
Estou determinada a persistir nas coisas. Sei o que preciso fazer aqui e preciso usar a minha "persistência"! Agora tenho uma perspectiva real dos meus padrões e sei o que preciso fazer de forma diferente. Anteriormente já mostrei a mim mesma que posso fazer grandes mudanças (p. ex., quando perdi muito peso).

Como você vai usar esses pontos fortes identificados e as novas formas para evitar fazer isso? O que você fará em vez disso?
Primeiro vou notar os pensamentos que me dizem para evitar gravar. Vou me lembrar de algumas das imagens em que tenho trabalhado nas vezes em que fui corajosa e fui contra minhas antigas formas de pensar e me comportar. Sentirei a ansiedade e deixarei que ela me lembre que estou fazendo alguma coisa nova e que isto não é algo a ser evitado.

Que problemas práticos podem interferir?
Meu supervisor pode cancelar a sessão (ele disse que poderia ter que dar um depoimento como especialista no tribunal) ou a minha câmera pode ter problemas.

Como você lidará com eles?
Vou testar a minha câmera com antecedência e então perguntar ao máximo possível de clientes para garantir que estou pronta e sei o que estou fazendo. Se meu supervisor tiver que cancelar, então vou mostrar a gravação a um colega para obter feedback.

FOLHA DE REGISTRO DO EXPERIMENTO COMPORTAMENTAL DAS MINHAS *NOVAS FORMAS*

Cognição(ões)-alvo	Experimento	Previsões	Resultado	O que aprendi
Quais são algumas das suas *novas formas de pensar*? O que seria um pressuposto útil nas *novas formas* a ser testado? Avalie sua crença nas cognições (0-100%), primeiramente como uma avaliação da crença em um "nível visceral" e depois com a avaliação com a "mente racional" entre parênteses.	Planeje um experimento para testar a ideia das *novas formas*. Qual dos seus pontos fortes e *novas formas de ser* poderiam ser úteis aqui?	O que você prevê que irá acontecer segundo a perspectiva das *novas formas*? Quão provável você acha que isso realmente vai acontecer (no nível visceral e no nível racional)? (0-100%)	O que realmente aconteceu? O que observou sobre si mesmo (comportamento, pensamentos, sentimentos, sensações corporais)? Sobre seu ambiente, sobre as outras pessoas? Alguma dificuldade? O que você fez a respeito? Como o resultado se encaixa nas suas previsões?	O quanto você acredita agora no pressuposto das suas *novas formas* (0-100%)? O que você aprendeu sobre comportamentos de segurança? Você vai abandoná-los? Quais as implicações práticas? O pressuposto das suas *novas formas* precisa ser modificado? Em caso afirmativo, como seria a versão modificada?
				Avaliações da crença: **Pressuposto das *novas formas*** ___% (___%)
Novas formas de pensar				
Pressuposto das *novas formas*				

(Continua)

(Continuação)

Resolvendo problemas potenciais
Em que antigas formas de se comportar você se enquadra?
Quais dos seus pontos fortes e novas formas de ser poderiam ser úteis aqui?
Como você vai usar esses pontos fortes identificados e as novas formas para evitar fazer isso? O que você fará em vez disso?
Que problemas práticos podem interferir?
Como você lidará com eles?

Reproduzido de *Experimentando a terapia cognitivo-comportamental de dentro para fora: um manual de autoprática/autorreflexão para terapeutas*, James Bennett-Levy, Richard Thwaites, Beverly Haarhoff e Helen Perry. Copyright 2015, The Guilford Press. A permissão para reprodução deste formulário é concedida aos compradores deste livro somente para uso pessoal. Os compradores podem fazer o *download* deste material na página do livro em loja.grupoa.com.br.

RESULTADO DO EXPERIMENTO COMPORTAMENTAL

Como no módulo 8, o próximo passo depois de completar um experimento comportamental é reservar algum tempo para pensar sobre o que aconteceu (e o que não aconteceu) para que você possa completar a quarta e a quinta colunas da sua folha de registro do experimento comportamental das *novas formas* na página 227. Essas duas colunas fazem os tipos de perguntas que o ajudarão a resumir a experiência e a planejar os próximos passos.

 EXERCÍCIO. Folha de exercícios do experimento comportamental das minhas *novas formas*

Agora revise o que aconteceu no seu experimento voltando à folha de registro do seu experimento comportamental nas páginas 227-228 e completando as duas últimas colunas, "Resultado" e "O que aprendi".

Na página 230, você pode ver como Shelly compreendeu seu experimento comportamental.

FOLHA DE REGISTRO DO EXPERIMENTO COMPORTAMENTAL DAS NOVAS FORMAS DE SHELLY

Cognição(ões)-alvo	Experimento	Previsões	Resultado	O que aprendi
Quais são algumas das suas *novas formas de pensar*? O que seria um pressuposto útil nas *novas formas* a ser testado? Avalie sua crença nas cognições (0-100%), primeiramente como uma avaliação da crença em um "nível visceral" e depois com a avaliação com a "mente racional" entre parênteses.	Planeje um experimento para testar a ideia das *novas formas*. Qual dos seus pontos fortes e *novas formas de ser* poderiam ser úteis aqui?	O que você prevê que irá acontecer segundo a perspectiva das *novas formas*? Quão provável você acha que isso realmente vai acontecer (no nível visceral e no nível racional)? (0-100%)	O que realmente aconteceu? O que observou sobre si mesmo (comportamento, pensamentos, sentimentos, sensações corporais)? Sobre seu ambiente, sobre as outras pessoas? Alguma dificuldade? O que você fez a respeito? Como o resultado se encaixa nas suas previsões?	O quanto você acredita agora no pressuposto das suas *novas formas* (0-100%)? O que você aprendeu sobre comportamentos de segurança? Você vai abandoná-los? Quais as implicações práticas? O pressuposto das suas *novas formas* precisa ser modificado? Em caso afirmativo, como seria a versão modificada?
Novas formas de pensar *Eu não tenho que fazer tudo 100% certo — ninguém tem. Ainda estou aprendendo o meu ofício — e aprender é divertido.*	*Durante a próxima semana, levarei um caso para supervisão no qual fiquei*	*Meu supervisor vai reconhecer a minha honestidade e me ajudar a aprender — é para isso que ele está lá.*	*Gravei muitas sessões e as levei para a supervisão, admitindo que estava emperrada! Eu me senti muito ansiosa, mas todo o trabalho preparatório realmente ajudou e fiquei lembrando a mim mesma de que eu estava tentando romper com as antigas formas de comportamento e tentar algo novo. Meu supervisor foi muito útil.*	**Avaliações da crença:** **Pressuposto das novas formas** <u>90% (100%)</u>

(Continua)

(Continuação)

Cogniçăo(ões)-alvo	Experimento	Previsões	Resultado	O que aprendi
Sou muito boa no que faço e estou melhorando o tempo todo.	emperrada e serei honesta sobre năo saber o que fazer. Năo vou me esconder disso ou fingir que tudo está correndo bem.	Eu vou me sentir ansiosa e vulnerável, mas, afinal, vou me beneficiar. 30% (70%)	Ele me ajudou a perceber que eu havia aprendido mais do que pensava. Até o fato de ele năo ter rido de mim ou sugerido que eu desistisse foi tranquilizador. Eu me senti mais confiante em um nível visceral. Isto fortaleceu muito a minha crença e também me ajudou a reconsiderar minhas crenças sobre os outros.	
Pressuposto das novas formas Se eu admitir para meu supervisor que năo sei o que fazer com um cliente, ele vai me apoiar e vou aprender com a experiência. 10% (85%)			Sem grandes dificuldades ou surpresas. Eu havia planejado este experimento muito bem e fui mais capaz de lidar com alguns episódios (p. ex., o primeiro cliente se recusou a ser gravado) me recordando de situaçőes anteriores em que me esforcei e me desafiei e o quanto me senti forte depois. Isto apoiou completamente minhas previsőes em torno dos meus pressupostos! E realmente os consolidou em um nível visceral. Definitivamente provocou essa mudança — gostaria de ter feito isto antes.	

CRIANDO EXPERIMENTOS DE *FOLLOW-UP*

Como vimos no módulo 8, frequentemente é importante criar experimentos de *follow-up* para incluir *novas formas de ser*.

 EXEMPLO: experimentos de *follow-up* de Shelly

Shelly percebeu que embora o experimento das *novas formas* com seu supervisor tivesse sido bem-sucedido, ela poderia, justificada ou injustificadamente, ser criticada por alguém no futuro; e seria importante que pudesse lidar com as críticas sem que sua autoestima entrasse em colapso.

EXPERIMENTOS DE *FOLLOW-UP* DE SHELLY: O QUE, ONDE, COM QUEM?

Pode haver situações em que eu tente coisas novas e as faça errado... Parte de mim ainda se preocupa em ser criticada, mas mais cedo ou mais tarde eu serei criticada! Preciso testar as minhas reações e crenças sobre críticas ou sobre cometer erros. Preciso continuar me expondo a novas situações fora da minha zona de conforto, talvez até praticar cometer erros de propósito. Vou começar pequeno, errando ao fazer o pagamento em uma loja — posso trabalhar a partir daí...

 EXERCÍCIO. Meus experimentos de *follow-up*

No quadro a seguir, crie um ou mais experimentos comportamentais que potencialmente serão úteis para fortalecer suas *novas formas de ser*.

MEUS EXPERIMENTOS DE *FOLLOW-UP*: O QUE, ONDE, COM QUEM?

CRIANDO UMA IMAGEM, METÁFORA OU DESENHO RESUMIDO

Como um exercício final neste módulo, pode ser muito útil capturar as *novas formas de ser* em uma imagem, metáfora ou desenho resumido: alguma coisa que simbolize suas *novas formas de ser* e possa ser usada diariamente para lhe estimular a incorporar suas *novas formas*. Pode ser proveitoso incorporar ícones culturais à sua imagem. Os ícones podem fazer uso de símbolos culturais comuns ou conter qualidades de um dos seus "heróis" — por exemplo, incorporando uma determinação como a de Mandela de colaborar sem rancor com uma pessoa que pode ter feito alguma coisa errada contra você.

 EXEMPLO: imagem, metáfora ou desenho resumido de Jayashri

Jayashri pegou da internet a imagem de uma flor de lótus para lembrá-la de ser autocompassiva. Ela fez várias cópias e colocou a imagem sobre a sua mesa, na capa da sua agenda e na sala de terapia.

 EXERCÍCIO. Minha imagem, metáfora ou desenho resumido

Agora reserve alguns minutos para ver se consegue encontrar uma imagem, metáfora ou desenho que simbolize suas *novas formas de ser*. Faça algumas anotações, desenhe ou reproduza a imagem no espaço a seguir.

MINHA IMAGEM/METÁFORA/DESENHO

Pode acontecer que, durante a(s) próxima(s) semana(s), você encontre uma imagem ou metáfora mais adequada. Caso isso aconteça, anote e pratique o uso da nova versão. Crie sinais e lembretes para que possa evocar a imagem ou metáfora muitas vezes por dia para incluir na sua forma de ser. Planeje isto agora. Que sinais você irá usar?

SINAIS E LEMBRETES PARA MINHA IMAGEM OU METÁFORA

 PERGUNTAS AUTORREFLEXIVAS

O que você notou quando estava planejando seu experimento comportamental para testar o pressuposto das suas *novas formas*? (Quais foram suas emoções? Sensações corporais? Pensamentos? Comportamentos? Houve alguma coisa que o surpreendeu?)

Revendo seu experimento comportamental e tentando compreender o que realmente aconteceu, o que lhe parece? Ao pensar sobre o pressuposto das suas *novas formas*, há alguma discrepância entre os níveis de crença "racional" e "visceral"?

Quando traz à mente o que aconteceu em seu experimento das *novas formas*, você consegue identificar alguma coisa que aprendeu sobre si mesmo como terapeuta ou na sua vida fora do trabalho? Ou talvez até mesmo alguma coisa que se aplicasse a ambos?

Como você entende o propósito de testar *novas formas* e *antigas formas* na sua prática da terapia cognitivo-comportamental (TCC)?

Como você se saiu criando uma imagem, metáfora ou desenho para encapsular suas *novas formas de ser*? Isto foi útil? Houve alguma coisa que o atrapalhou? Em caso afirmativo, o que poderia ter ajudado?

O que você aprendeu durante este módulo que parece importante lembrar?

Módulo 12

Mantendo e aprimorando *novas formas de ser*

Acho que o plano de manutenção das novas formas de ser *me ajudará a me manter no caminho certo. Minha preocupação é, quando chegar ao final disso, parar e esquecer tudo — realmente não quero fazer isso!!! Então vou anotar meu plano de manutenção das* novas formas de ser, *deixá-lo bom e bonito, e mantê-lo em algum lugar seguro!*
_ Participante de AP/AR

Um objetivo fundamental na terapia cognitivo-comportamental (TCC) é capacitar os clientes com as habilidades e a crença de que eles podem se tornar seus próprios terapeutas depois que a terapia tiver terminado. Uma forma de fazer isso é focar na "prevenção de recaída" desde o início da terapia — e, é claro, enfatizar a prevenção de recaída quando a terapia se aproximar do final. Nessas sessões finais, o terapeuta encoraja o cliente a revisar o progresso que fez quanto à compreensão, ao manejo e à superação dos problemas que o trouxeram à terapia. Geralmente, cliente e terapeuta revisam o progresso do cliente na direção dos objetivos e identificam habilidades da TCC que se mostraram úteis. Então eles consideram os obstáculos ao progresso que o cliente pode enfrentar no futuro, antecipam formas de lidar com esses obstáculos e focam no reconhecimento dos primeiros sinais de alerta para tomar medidas preventivas. O desfecho desse processo é, em geral, uma folha de resumo, algumas vezes denominada "plano", que os clientes levam para casa para lembrá-los do que fazer para aproveitar o progresso que fizeram na terapia.

Segundo a perspectiva de *Experimentando a terapia cognitivo-comportamental de dentro para fora*, o objetivo das sessões finais não é tanto a "prevenção de recaída", mas "manter e aprimorar as *novas formas de ser*". Buscamos auxiliar os clientes a consolidar e estabelecer firmemente as *novas formas de ser* em suas vidas, como você tem feito neste livro, particularmente nestes últimos módulos.

Este módulo tem dois propósitos. Primeiro, conduzi-lo por um processo de manutenção e melhoria das *novas formas de ser* semelhante ao que poderia usar com os clientes. Você revisará sua autoformulação e as avaliações das crenças nas *novas formas de ser* e irá desenvolver um "plano" pessoal que denominamos "meu plano de manutenção das *novas formas*".

Um segundo objetivo do módulo é refletir sobre a sua experiência de autoprática/autorreflexão (AP/AR) para seu desenvolvimento pessoal como terapeuta de TCC. O motivo para você ter se engajado no livro foi "experimentar a TCC de dentro para fora" usando seu "*self* pessoal" ou "*self* terapeuta" (ou provavelmente ambos) e refletir sobre o que significa para você trabalhar com os clientes segundo uma perspectiva do "*self* terapeuta". Como foi a experiência? Ela foi útil? Em caso afirmativo, como? Há alguma implicação para o seu futuro? Como você poderia aplicar o que aprendeu a partir da AP/AR ao seu desenvolvimento continuado como terapeuta e no contexto geral da sua vida? É possível que haja aspectos da AP/AR que você gostaria de incluir em seus papéis profissionais (e/ou pessoais) no futuro.

 EXERCÍCIO. Revisando o PHQ-9 e GAD-7

Como um primeiro passo, reavalie-se no PHQ-9 e GAD-7 usando os formulários a seguir e na página 241, como tipicamente pediria que um cliente fizesse no final da terapia. Se você usou algum outro questionário para monitorar seu progresso, agora é hora de também se reavaliar nele.

PHQ-9: PÓS-AP/AR

Durante as duas últimas semanas, com que frequência você se incomodou com os seguintes problemas?	Nenhuma vez	Vários dias	Mais da metade dos dias	Quase todos os dias
1. Teve pouco interesse ou pouco prazer em fazer as coisas.	0	1	2	3
2. Sentiu-se "para baixo", deprimido(a) ou sem perspectiva.	0	1	2	3
3. Teve dificuldade para pegar no sono ou permanecer dormindo, ou dormiu mais do que de costume.	0	1	2	3
4. Sentiu-se cansado(a) ou com pouca energia.	0	1	2	3
5. Teve falta de apetite ou comeu demais.	0	1	2	3
6. Sentiu-se mal consigo mesmo(a) — ou achou que você é um fracasso ou que decepcionou a si mesmo(a) ou a sua família.	0	1	2	3
7. Teve dificuldade para se concentrar nas coisas, como ler o jornal ou assistir televisão.	0	1	2	3
8. Sentiu lentidão para se movimentar ou falar, a ponto das outras pessoas perceberem. Ou o oposto — esteve tão agitado(a) ou irrequieto(a) que ficou andando de um lado para outro muito mais do que de costume.	0	1	2	3
9. Pensou em se ferir de alguma maneira ou que seria melhor estar morto(a).	0	1	2	3

Copyright Pfizer, Inc. Reproduzido em *Experimentando a terapia cognitivo-comportamental de dentro para fora: um manual de autoprática/autorreflexão para terapeutas*, James Bennett-Levy, Richard Thwaites, Beverly Haarhoff e Helen Perry (The Guilford Press, 2015). Este formulário é gratuito para reprodução e uso. Aqueles que adquirirem este livro podem fazer o *download* deste material na página do livro em loja.grupoa.com.br.

Você pode calcular seu escore total no PHQ-9 somando cada item.

> 0-4:   Sem indicação de depressão
> 5-9:   Indicativo de depressão leve
> 10-14:   Indicativo de depressão moderada
> 15-19:   Indicativo de depressão moderadamente grave
> 20-27:   Indicativo de depressão grave
> Meu escore: _____

GAD-7: PÓS-AP/AR

Durante as duas últimas semanas, com que frequência você se incomodou com os seguintes problemas?	Nenhuma vez	Vários dias	Mais da metade dos dias	Quase todos os dias
1. Sentiu-se, nervoso(a), ansioso(a) ou muito tenso(a).	0	1	2	3
2. Não foi capaz de impedir ou controlar as preocupações.	0	1	2	3
3. Preocupou-se muito com diversas coisas.	0	1	2	3
4. Teve dificuldade para relaxar.	0	1	2	3
5. Ficou tão agitado(a) que se tornou difícil permanecer sentado(a).	0	1	2	3
6. Ficou facilmente aborrecido(a) ou irritado(a).	0	1	2	3
7. Sentiu medo como se algo horrível fosse acontecer.	0	1	2	3

Copyright Pfizer, Inc. Reproduzido em *Experimentando a terapia cognitivo-comportamental de dentro para fora: um manual de autoprática/autorreflexão para terapeutas*, James Bennett-Levy, Richard Thwaites, Beverly Haarhoff e Helen Perry (The Guilford Press, 2015). Este formulário é gratuito para reprodução e uso. Aqueles que adquirirem este livro podem fazer o *download* deste material na página do livro em loja.grupoa.com.br.

Você pode calcular seu escore total no GAD-7 somando cada item.

> Escores de:
> 0-4:   Sem indicação de ansiedade
> 5-9:   Indicativo de ansiedade leve
> 10-14:   Indicativo de ansiedade moderada
> 15-21:   Indicativo de ansiedade grave
> Meu escore: _____

EXERCÍCIO. Revisitando minha escala visual analógica (EVA)

Revise seu problema desafiador inicial (módulo 1). Como um lembrete, resuma brevemente a área problemática a seguir. Avalie seu nível de sofrimento atual usando a EVA que desenvolveu no módulo 1 e compare-a com seu escore anterior. Houve alguma mudança? Em que medida? A que você atribui isto?

MINHA ESCALA VISUAL ANALÓGICA

Meu problema desafiador:

0% ———————————————— 50% ———————————————— 100%
Ausente   Moderado   Mais severo

Descrição de 0%	Descrição de 50%	Descrição de 100%

Reproduzido de *Experimentando a terapia cognitivo-comportamental de dentro para fora: um manual de autoprática/ autorreflexão para terapeutas*, James Bennett-Levy, Richard Thwaites, Beverly Haarhoff e Helen Perry. Copyright 2015, The Guilford Press. A permissão para reprodução deste formulário é concedida aos compradores deste livro somente para uso pessoal. Os compradores podem fazer o *download* deste material na página do livro em loja.grupoa.com.br.

 EXERCÍCIO. Revisando meus objetivos

Examine os módulos 2 e 6 e lembre-se dos seus objetivos e do progresso que fez até o módulo 6. Como você está agora? Preencha o formulário na página 243 para resumir sua experiência e seus próximos passos.

REVISANDO MEUS OBJETIVOS

	Objetivo 1	Objetivo 2
Comente sobre seu progresso em cada objetivo. Como você se saiu com os prazos que definiu para si mesmo? Eles eram tão realistas e atingíveis quanto pensou originalmente? Eles eram mensuráveis?		
Que entraves ocorreram (caso tenha havido)? • Fatores internos (p. ex., insegurança, baixa motivação, antigos padrões de procrastinação, autocrítica). • Fatores externos sobre os quais você tem algum controle (p. ex., negócios, demandas familiares). • Fatores externos fora do seu controle.		
Quais são seus próximos passos?		

Copyright Pfizer, Inc. Reproduzido em *Experimentando a terapia cognitivo-comportamental de dentro para fora: um manual de autoprática/autorreflexão para terapeutas*, James Bennett-Levy, Richard Thwaites, Beverly Haarhoff e Helen Perry (The Guilford Press, 2015). Este formulário é gratuito para reprodução e uso. Aqueles que adquirirem este livro podem fazer o *download* deste material na página do livro em loja.grupoa.com.br.

EXERCÍCIO. Revisando minhas *antigas formas de ser/novas formas de ser*

Autoformulação das minhas *antigas formas de ser*

Primeiramente, retorne ao módulo 9 e revise a autoformulação das suas *antigas formas de ser*. O quanto isso lhe parece familiar? Houve alguma mudança? Em caso afirmativo, o que você notou? Você está passando a mesma quantidade de tempo em suas *antigas formas de ser*, olhando através destas lentes? Em caso negativo, o que mudou? Escreva suas reflexões no quadro a seguir.

MINHAS *ANTIGAS FORMAS DE SER*: QUE DIFERENÇAS NOTEI?

Autoformulação das minhas *novas formas de ser*

Revise o disco das suas *novas formas de ser* no módulo 9 ou, melhor ainda, copie-o no disco das *novas formas de ser* na página 245 para incluir outras novas formas. Veja se há alguma coisa que gostaria de acrescentar — por exemplo, você pode querer acrescentar a imagem ou a metáfora que desenvolveu no módulo 11 ou alguns pontos fortes que não considerou naquele momento.

Agora, revise as novas formas de pensar. Escreva as novas formas de pensar do módulo 9 no disco das *novas formas de ser* na página 245 e reavalie essas cognições com avaliações no "nível visceral" e com a "mente racional". Há diferenças das avaliações no módulo 9? Quais são elas? O quanto você progrediu? O que fez a diferença?

MINHAS *NOVAS FORMAS DE SER*: QUE DIFERENÇAS NOTEI?

Experimentando a terapia cognitivo-comportamental de dentro para fora **245**

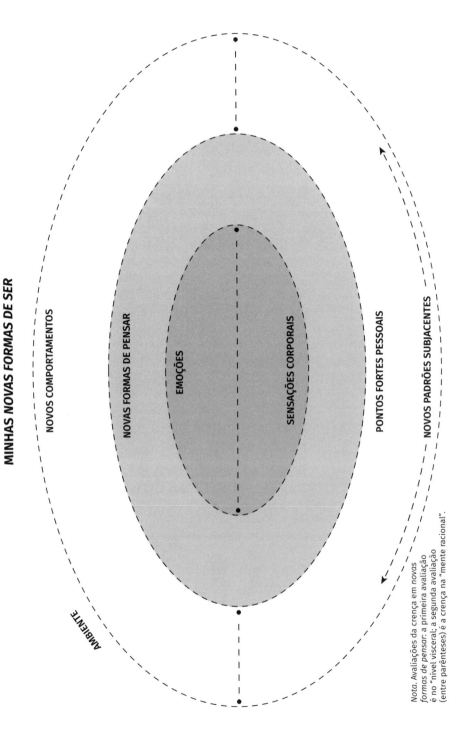

Nota. Avaliações da crença em novas *formas de pensar*: a primeira avaliação é no "nível visceral"; a segunda avaliação (entre parênteses) é a crença na "mente racional".

Reproduzido de *Experimentando a terapia cognitivo-comportamental de dentro para fora: um manual de autoprática/autorreflexão para terapeutas,* James Bennett-Levy, Richard Thwaites, Beverly Haarhoff e Helen Perry. Copyright 2015, The Guilford Press. A permissão para reprodução deste formulário é concedida aos compradores deste livro somente para uso pessoal. Os compradores podem fazer o *download* deste material na página do livro em loja.grupoa.com.br.

Livro de registro das minhas *novas formas de ser*

Você conseguiu manter o livro de registro das *novas formas de ser*? Isso fez alguma diferença? Em caso afirmativo, como? Se não conseguiu mantê-lo, o que atrapalhou? Você conseguiu abordar o problema de alguma maneira? O que o teria ajudado a fazer isso? Quais são as implicações para os clientes?

LIVRO DE REGISTRO DAS MINHAS *NOVAS FORMAS DE SER*: QUAL FOI O IMPACTO?

Narrativas, imaginação, música e movimento corporal nas *minhas novas formas* (exercícios COMET).

Você continuou a refletir sobre as histórias das *novas formas de ser* que escreveu e imaginou no módulo 10? Você conseguiu incluí-las de modo que sejam recuperáveis? Você praticou o uso de música e movimento? Isso fez alguma diferença?

NARRATIVAS, IMAGINAÇÃO, MÚSICA E MOVIMENTO CORPORAL NAS MINHAS *NOVAS FORMAS*: O QUANTO FORAM ÚTEIS?

Meus experimentos comportamentais

Qual foi o impacto dos experimentos comportamentais? Você acabou criando outros experimentos comportamentais ou pensando sobre a sua experiência em um "experimento comportamental" de maneira geral? Foi fácil ou difícil criar experimentos comportamentais ou concretizá-los?

MEUS EXPERIMENTOS COMPORTAMENTAIS: QUAL FOI O IMPACTO?

Minha imaginação, metáfora ou desenho resumido

Você achou útil a imaginação, a metáfora ou o desenho resumido no fim do módulo 11? Você conseguiu trazê-lo à mente em momentos apropriados? Com que frequência? O que possibilitou que fizesse isso, ou o que atrapalhou?

IMAGINAÇÃO, METÁFORAS OU DESENHOS: O QUE EU NOTEI?

 EXERCÍCIO. O que me ajudou a passar das *antigas* para as *novas formas de ser*?

Reveja o livro. Houve exercícios de autoprática que foram particularmente úteis para possibilitar que você passasse das *antigas* para as *novas formas de ser* (p. ex., formulando o uso do modelo de cinco partes incluindo pontos fortes e fatores culturais, programando atividades, usando registros de pensamentos, imaginação, metáfora, experimentos comportamentais, estratégias orientadas para o corpo, aumentando o acesso a memórias positivas, o uso do livro de registro das *novas formas de ser* ou a solução de problemas usando suas "novas regras" desenvolvidas para abordar problemas potenciais)? A seguir, faça uma lista deles e circule aqueles que você quer lembrar de continuar usando no futuro.

MEUS EXERCÍCIOS DE AUTOPRÁTICA MAIS ÚTEIS

Houve exemplos de momentos "reveladores"? Quais foram eles?

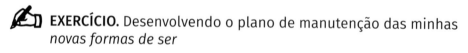 **EXERCÍCIO.** Desenvolvendo o plano de manutenção das minhas *novas formas de ser*

O formulário nas páginas 249-250 fornece um formato para você desenvolver seu plano pessoal para mudança, o plano de manutenção das minhas *novas formas de ser*. Pode ser útil voltar para olhar alguns dos exercícios que você fez no livro para lembrá-lo de onde você começou e onde se encontra agora. Você pode fazer uma cópia do formulário preenchido e colocá-la em algum local de destaque para que possa se lembrar do progresso que fez e dos seus planos para continuar no caminho no futuro.

PLANO DE MANUTENÇÃO DAS MINHAS NOVAS FORMAS

O que aprendi por meio da AP/AR sobre o desenvolvimento e a manutenção das minhas áreas problemáticas e sobre as minhas áreas de pontos fortes?
Que estratégias e técnicas aprendi que ajudaram a me desenvolver e a mudar?
Como irei continuar a fortalecer minhas *novas formas de ser* no futuro? (Que técnicas? Que sinais e lembretes?)
Que fatores internos (pensamentos e emoções) ou externos podem me atrapalhar de praticar minhas *novas formas de ser*?
O que poderia me levar a um retrocesso e me atrair de volta às minhas *antigas formas de ser* (p. ex., estresses futuros, problemas no trabalho, vulnerabilidades pessoais, relacionamentos, problemas da vida)?

Quais são os primeiros sinais que podem me alertar para isto?

O que farei se tiver um retrocesso? Se eu perceber os primeiros sinais de um retrocesso, que mudanças posso fazer? Como posso me lembrar de usar meus pontos fortes e minhas novas estratégias corretivas para abordar problemas potenciais?

Como posso levar adiante o que aprendi com o preenchimento do livro? Quais são meus objetivos relacionados à prática reflexiva futura?

Que passos posso dar para fazer da reflexão uma parte rotineira da minha vida profissional? Revendo a seção no Capítulo 3, "Construindo sua capacidade reflexiva", há dicas que podem ser úteis?

Que dificuldades e desafios posso enfrentar ao realizar esses novos objetivos? Como irei superar as dificuldades?

Reproduzido de *Experimentando a terapia cognitivo-comportamental de dentro para fora: um manual de autoprática/autorreflexão para terapeutas*, James Bennett-Levy, Richard Thwaites, Beverly Haarhoff e Helen Perry. Copyright 2015, The Guilford Press. A permissão para reprodução deste formulário é concedida aos compradores deste livro somente para uso pessoal. Os compradores podem fazer o *download* deste material na página do livro em loja.grupoa.com.br.

PERGUNTAS AUTORREFLEXIVAS

Quais estratégias das *novas formas de ser* foram mais efetivas na construção da sua crença em suas novas formas de pensar e na criação de novos comportamentos e padrões subjacentes?

_____
_____
_____
_____
_____
_____
_____
_____
_____
_____
_____
_____

A partir da sua experiência com *TCC de dentro para fora*, como você entende a relação entre estratégias experienciais e cognitivas e sua eficácia relativa? Como você acha que estratégias experienciais e cognitivas podem ser mais bem entrelaçadas?

_____
_____
_____
_____
_____
_____
_____
_____
_____
_____
_____
_____

O que você notou acerca da criação de um plano de manutenção das suas *novas formas de ser* explícito e por escrito? Algum pensamento, emoção ou comportamento o surpreendeu?

_____
_____
_____
_____
_____
_____
_____
_____
_____
_____
_____
_____

Como o fato de você ter desenvolvido um plano de manutenção das suas *novas formas de ser* pessoal influenciou o que pode fazer na sua prática terapêutica no futuro?

_____
_____
_____
_____
_____
_____
_____
_____
_____
_____
_____
_____

Como você resumiria a sua experiência com *Experimentando a terapia cognitivo-comportamental de dentro para fora*?

Depois de concluir este livro, o que você considera como as principais mensagens "para levar para casa":

Desde uma perspectiva profissional?

Desde uma perspectiva pessoal?

Você considera que seria importante continuar com a AP/AR no futuro? Em caso afirmativo, como poderia fazer isso? Que passos você poderia dar para assegurar que isso se transforme em uma parte rotineira da sua vida profissional? Há alguma coisa que poderia atrapalhar?

Notas dos módulos

O objetivo das notas dos módulos é enfatizar o valor deste livro, oferecendo comentários e referências que possam aprofundar seu conhecimento dos princípios e práticas da terapia cognitivo-comportamental (TCC). Os exercícios em *Experimentando a terapia cognitivo-comportamental de dentro para fora* pressupõem, sobretudo, que os leitores que usarem o livro já estão familiarizados com os princípios e práticas da TCC. No entanto, este pode nem sempre ser o caso. Alguns leitores usarão o livro como parte da sua experiência de aprendizagem, enquanto outros podem estar bem familiarizados com as práticas da TCC, mas querem uma análise mais detalhada do seu uso.

Iniciamos apresentando seis textos essenciais recomendados. Eles fornecem fundamentos sólidos em TCC e são livros de referência úteis para revisar muitas das principais estratégias. Também recomendamos três textos avançados para praticantes da TCC mais experientes. Esses livros-texto presumem que os leitores já são competentes nas técnicas básicas da TCC.

Depois dos textos recomendados, encontram-se as notas referentes a cada um dos 12 módulos. As notas têm vários propósitos: elas expandem a justificativa para as técnicas apresentadas no módulo; oferecem maior base teórica e mais informações sobre as intervenções e seu uso com os clientes; e direcionam o leitor para capítulos nos textos recomendados e para outras referências que podem ser úteis.

PRINCIPAIS TEXTOS DE TCC RECOMENDADOS

Beck, J. S. (2011). *Cognitive behavior therapy: Basics and beyond* (2nd ed.). New York: Guilford Press.

Greenberger, D., & Padesky, C. (1995). *Mind over mood: Change how you feel by changing the way you think.* New York: Guilford Press.

Kuyken, W., Padesky, C. A., & Dudley, R. (2009). *Collaborative case conceptualization: Working effectively with clients in cognitive-behavioral therapy.* New York: Guilford Press.

Persons, J. B. (2008). *The case formulation approach to cognitive-behavior therapy.* New York: GuilfordPress.

Sanders, D., & Wills, F. (2005). *Cognitive therapy: An introduction.* London: Sage.

Westbrook, D., Kennerley, H., & Kirk, J. (2011). *An introduction to cognitive behaviour therapy: Skills and applications* (2nd ed.). London: Sage.

TEXTOS DE TCC AVANÇADA RECOMENDADOS

Butler, G., Fennell, M., & Hackmann, A. (2008). *Cognitive-behavioral therapy for anxiety disorders: Mastering clinical challenges.* New York: Guilford Press.

Newman, C. F. (2013). *Core competencies in cognitive-behavioral therapy.* New York: Routledge.

Whittington, A., & Grey, N. (2014). *How to become a more effective therapist: Mastering metacompetence in clinical practice.* Chichester, UK: Wiley.

MÓDULO 1: IDENTIFICANDO UM PROBLEMA DESAFIADOR

Uso das medidas

A TCC sempre enfatizou o uso de medidas como uma forma de avaliar a sua eficácia. As medidas têm sido usadas de várias formas, por exemplo, como um auxiliar da avaliação; para estabelecer linhas de base; para oferecer *feedback* dentro do tratamento; e para colher evidências objetivas sobre os resultados do tratamento. Westbrook et al., (2011, cap. 5) é recomendado para uma discussão mais completa do uso de medidas dentro da TCC.

Neste módulo, incluímos o PHQ-9 (Kroenke, Spitzer & Williams, 2001) como uma medida básica para depressão e o GAD-7 (Spitzer, Kroenke, Williams & Löwe, 2006) representando uma variedade de transtornos de ansiedade. Estas são escalas breves e disponíveis gratuitamente que são amplamente usadas (p. ex., como medidas recomendadas no Serviço Nacional de Saúde inglês). Elas podem ou não ser relevantes para seu "problema desafiador". Portanto, encorajamos você, além disso, a buscar e utilizar medidas que sejam específicas para a sua área problemática (p. ex., raiva, intolerância à incerteza, falta de autocompaixão) para que seja mais capaz de avaliar o impacto da sua autoprática. Por exemplo, participantes de autoprática/autorreflexão (AP/AR) no passado utilizaram medidas da raiva (p. ex., Reynolds, Walkey, Green, 1994), intolerância à incerteza (p. ex., Buhr & Dugas, 2002) e autocompaixão (p. ex., Neff, 2003).

Avaliação e identificação de problemas

A maioria dos textos introdutórios de TCC inclui um capítulo descrevendo a importância de identificar claramente e priorizar problemas que possam ser abordados na terapia. A identificação de problemas é o fundamento da análise funcional, que, por sua vez, informa as formulações da TCC. Persons (2008), em seu livro abrangente sobre formulação de caso (veja "Principais textos de TCC recomendados"), enfatiza e explica a importância da lista de problemas como base para a formulação de caso inicial. Westbrook et al. (2011, cap. 4) também fornecem um relato detalhado do processo para descrição e compreensão dos problemas atuais e como estas fundamentam a avaliação e formulação.

Avaliando emoções usando a escala visual analógica

Para uma explicação clara do uso de escalas visuais analógicas (EVA), veja Greenberger e Padesky (1995, pp. 26-32). Beck (2011, pp. 158-166) oferece mais detalhes técnicos para identificar emoções, distinguir entre as emoções e avaliar a intensidade das emoções.

Leitura adicional

Buhr, K., & Dugas, M. J. (2002). The intolerance of uncertainty scale: Psychometric properties of the English version. *Behaviour Research and Therapy, 40*, 931-945.

Kroenke, K., Spitzer, R. L., & Williams, J. B. W. (2001). The PHQ-9: Validity of a brief depression severity measure. *Journal of General Internal Medicine, 16*, 606-613.

Neff, K. D. (2003). The development and validation of a scale to measure self-compassion. *Self and Identity, 2*, 223-250.

Reynolds, N. S., Walkey, F. H., & Green, D. E. (1994). The anger self report: A psychometrically sound (30 item) version. *New Zealand Journal of Psychology, 23*, 64-70.

Spitzer, R. L., Kroenke, K., Williams, J. B., & Löwe, B. (2006). A brief measure for assessing generalized anxiety disorder: The GAD-7. *Archives of Internal Medicine, 166*, 1092-1097.

MÓDULO 2: FORMULANDO O PROBLEMA E PREPARANDO-SE PARA A MUDANÇA

O modelo de cinco partes

Greenberger e Padesky fornecem uma descrição clara deste modelo, com o Capítulo 1 sendo particularmente útil. Padesky e Mooney (1990) descrevem o uso do modelo com os clientes. Em publicações posteriores, o modelo recebeu vários nomes, incluindo o modelo de cinco áreas, o modelo de cinco fatores e o modelo dos cinco sistemas. Se você estiver interessado em como este modelo foi adaptado em abordagens da TCC de baixa intervenção, Williams (2009) fornece uma boa visão geral em *Overcoming depression: a five areas approach*.

Entendendo o papel da cultura

Nos últimos anos, inúmeros autores da TCC enfatizaram o papel da cultura para ajudar clientes e terapeutas a entenderem sua experiência e a adaptarem técnicas da TCC para uso em diferentes contextos culturais. Hays foi um forte proponente da integração à TCC de abordagens de terapia multiculturais, conforme ilustrado no Capitulo 2. Seu livro, *Connecting across cultures: the Helper's toolkik* (2013), fornece detalhes da ferramenta ADDRESSING e ilustra várias formas de incorporar a cultura à prática cotidiana da TCC. O Capítulo 4 em Kuyken, Padesky e Dudley (2009) também demonstra formas pelas quais a cultura de um cliente pode ser proveitosamente integrada a uma conceitualização de caso baseada nos pontos fortes.

Usando declarações do problema para desenvolver formulações

A ideia de uma "declaração do problema" pode não ser familiar para alguns leitores. O objetivo é usar as palavras do cliente para descrever o problema, seu contexto e o impacto que o problema está tendo na sua vida para chegar a uma compreensão compartilhada. Desenvolvida colaborativamente, ela se torna um meio rápido e útil de capturar e descrever a formulação da manutenção. A declaração do problema tem sido utilizada rotineiramente em serviços de TCC de baixa intensidade na Inglaterra, e agora mais globalmente. Para mais informações, veja Richards e Whyte (2011, pp. 14-15).

Incluindo pontos fortes nas formulações

Introduzimos um componente baseado nos pontos fortes na formulação inicial da TCC. Como mencionado no Capítulo 2, incorporar os pontos fortes para construir resiliência é um dos princípios definidores que fundamentam nossa abordagem da AP/AR. A ideia de que incorporar os pontos fortes à formulação de caso é um passo importante para a construção da resiliência do cliente é elaborada no Capítulo 4 de Kuyken, Padesky e Dudley e em Padesky e Mooney (2012).

Usando a imaginação para identificar objetivos

A imaginação pode ser um auxiliar útil para a definição de objetivos efetiva. Para uma descrição abrangente do uso da imaginação em TCC, veja o *Oxford guide to imagery in cognitive therapy*, de Hackmann et al. (2011). As páginas 169-178 fornecem detalhes específicos sobre o uso da imaginação para criar objetivos.

Definindo objetivos SMART

Para mais informações referentes à importância da definição dos objetivos usando princípios SMART, veja Westbrook et al. (2011, pp. 235-238).

Leitura adicional

Hackmann, A., Bennett-Levy, J., & Holmes, E. (2011). *Oxford guide to imagery in cognitive therapy*. Oxford, UK: Oxford University Press.

Hays, P. A. (2013). *Connecting across cultures: The helper's toolkit*. Los Angeles: Sage.

Hays, P. A., & Iwamasa, G. Y. (Eds.). (2006). *Culturally responsive cognitive-behavioral therapy: Assessment, practice, and supervision*. Washington, DC: American Psychological Association.

Padesky, C. A., & Mooney, K. A. (1990). Clinical tip: Presenting the cognitive model to clients. *International Cognitive Therapy Newsletter, 6*, 13–14. Available at *http://padesky.com/clinical-corner/publications*; click on "Fundamentals."

Padesky, C. A., & Mooney, K. A. (2012). Strengths-based cognitive–behavioural therapy: A four-step model to build resilience. *Clinical Psychology and Psychotherapy, 19*, 283–290.

Richards, D., & Whyte, M. (2011). *Reach out: National programme student materials to support the delivery of training for Psychological Wellbeing Practitioners delivering low intensity interventions* (3rd ed.). London: Rethink.

Williams, C. (2009). *Overcoming depression: A five areas approach*. London: Hodder Arnold.

MÓDULO 3: USANDO ATIVAÇÃO COMPORTAMENTAL PARA MUDAR PADRÕES DE COMPORTAMENTO

As estratégias de ativação comportamental têm sido uma parte essencial da TCC desde que Beck desenvolveu seu modelo original de terapia cognitiva para depressão (Beck, Rush, Shaw, & Emery, 1979). A terapia cognitiva beckiana clássica inclui a programação de atividades no começo da terapia, especialmente para clientes mais gravemente deprimidos. A ativação básica inicialmente visa romper o ciclo vicioso de redução da atividade que levou à redução do engajamento em atividades prazerosas e a humor mais deprimido. A terapia cognitiva beckiana faz isso encorajando o monitoramento do comportamento e do humor, explorando padrões (p. ex., relações entre atividade e emoções) e então programando atividades significativas que possivelmente irão melhorar o humor. À medida que o cliente se torna mais ativo, os terapeutas da TCC frequentemente usam isto como uma oportunidade para integrar os experimentos comportamentais ao processo, por exemplo, testando as crenças do cliente sobre o quanto ele será capaz de realizar ou de quanto prazer as atividades podem proporcionar. Eles também podem usar avaliações do prazer e realizações para ajudar o cliente a identificar mesmo pequenos benefícios obtidos pelo engajamento em várias atividades.

Mais recentemente, a ativação comportamental (AC) foi desenvolvida como uma intervenção independente baseada em evidências com uma justificativa teórica subjacente diferente muito mais baseada nos princípios comportamentais originais. Os primeiros exercícios de ativação dentro deste módulo são consistentes com o uso inicial da programação de atividades na TCC e os primeiros estágios da AC formal.

Os manuais de TCC mais atuais incluem seções sobre programação de atividades ou ativação comportamental como um componente de uma abordagem da TCC mais abrangente (p. ex., Westbrook et al., 2011, pp. 254-261). O Capítulo 10 em *A mente vencendo o humor* (Greenberger & Padesky, 1995) introduz o uso da programação de atividades para os clientes de uma maneira consistente com a TCC clássica e também inclui manuais úteis para o cliente.

Se você estiver interessado em AC como uma abordagem distinta, veja o texto de referência de Martell, Addis e Jacobson (2001), *Depression in context: strategies for guided action*, e o livro de Martell et al. (2010), *Behavioral activation for depression: a clinician's guide*. Também há um excelente manual de autoajuda intitulado *Overcoming depression one step at a time* (Addis & Martell, 2004) que pode ser usado com os clientes ou pode ser completado por terapeutas caso queiram uma experiência profunda da AC.

Leitura adicional

Addis, M. E., & Martell, C. R. (2004). *Overcoming depression one step at a time*. Oakland, CA.: New Harbinger.

Beck, A. T., Rush, A. J., Shaw, B. F., & Emery, G. (1979). *Cognitive therapy of depression*. New York: Guilford Press.

Martell, C. R., Addis, M. E., & Jacobson, N. S. (2001). *Depression in context: Strategies for guided action*. New York: Norton.

Martell, C., Dimidjian, S., & Herman-Dunn, R. (2010). *Behavioral activation for depression: A clinician's guide*. New York: Guilford Press.

MÓDULO 4: IDENTIFICANDO PENSAMENTO E COMPORTAMENTO INÚTIL

Todos os bons manuais introdutórios da TCC focam na identificação das cognições e dos padrões de pensamento e abrangem o modelo de cinco partes. Veja alguns dos principais textos recomendados.

Técnica da "seta descendente"

A técnica da "seta descendente" é bem descrita em Greenberger e Padesky (1995, pp. 131-135) e Westbrook et al. (2011, pp. 147-149).

Usando registros de pensamentos para identificar e registrar pensamentos automáticos negativos

Boas descrições do uso de registros de pensamentos para identificar e registrar pensamentos automáticos podem ser encontrados no Capítulo 5, de Greenberger e Padesky (1995), e no Capítulo 9, de Beck (2011).

Padrões e processos de pensamento e comportamento inúteis

O livro de Frank e Davidson (2014), *The transdiagnostic road map to case formulation and planning* proporciona uma excelente descrição dos processos e mecanismos transdiagnósticos e ilustra seu papel na formulação de caso. Uma lista útil de vieses cognitivos comuns pode ser encontrada em Westbrook et al. (2011, pp. 172-174). Para dois trabalhos interessantes sobre comportamentos de busca de segurança, veja Thwaites e Freeston (2005) sobre a distinção entre comportamentos de busca de segurança e estratégias de enfrentamento adaptativas, e Tachman, Radomsky e Shafran (2008) sobre a distinção entre uso mal-adaptativo e judicioso de comportamentos de busca de segurança.

Ciclos de manutenção

Veja o Capítulo 4 em Westbrook et al. (2011) para exemplos excelentes de ciclos de manutenção, mapeados em forma diagramática (p. ex., comportamentos de busca de segurança, fuga/evitação, redução da atividade, má interpretação catastrófica e hipervigilância).

Leitura adicional

Frank, R. I., & Davidson, J. (2014). *The transdiagnostic road map to case formulation and planning: Practical guidance for clinical decision making.* Oakland, CA: New Harbinger.

Rachman, S., Radomsky, A. S., & Shafran, R. (2008). Safety behaviour: A reconsideration. *Behaviour Research and Therapy, 46,* 163–173.

Thwaites, R., & Freeston, M. (2005). Safety seeking behaviours: Fact or fiction? How can we clinically differentiate between safety behaviours and adaptive coping strategies across anxiety disorders? *Behavioural and Cognitive Psychotherapy, 33*, 1–12.

MÓDULO 5: USANDO TÉCNICAS COGNITIVAS PARA MODIFICAR PENSAMENTOS E COMPORTAMENTO INÚTEIS

A identificação e a modificação de pensamento e padrões de pensamento e comportamento inúteis reside na essência da TCC. Os principais textos recomendados abrangem integralmente este tópico. O foco do módulo 5 é nos métodos cognitivos de mudança. Os métodos experienciais de mudança são apresentados nos módulos 3 (ativação comportamental), 8, 10 e 11 (experimentos comportamentais e outros métodos experienciais).

Questionamento socrático

Na sua apresentação em uma conferência muito citada, Padesky (1993) chamou o questionamento socrático de "pedra angular" da TCC. Capítulos úteis que fornecem bons exemplos de diferentes tipos de perguntas socráticas podem ser encontrados em Greenberger e Padesky (1995, Cap. 6), Beck (2011, Cap. 11) e Westbrook et al. (2011, Cap. 7).

Formulação expandida

O diagrama da formulação expandida é uma adaptação de um diagrama da formulação em Westbrook et al. (2011, Cap. 4). Descrições abrangentes das formas de construir formulações podem ser encontradas em Persons (2008) e Kuyken et al., (2009) — veja "Principais textos de TCC recomendados".

Sanders e Willis (2005) fornecem descrições úteis do trabalho com conteúdo e processos cognitivos.

Leitura adicional

Padesky, C. A. (1993, September). *Socratic questioning: Changing minds or guided discovery?* Paper presented at the European Congress of Behavioural and Cognitive Therapies, London. Available at *http://padesky.com/clinical-corner/publications*; click on "Fundamentals".

MÓDULO 6: REVISANDO O PROGRESSO

O módulo 6 revisa os objetivos e a escala visual analógica, conforme descrito nos módulos 1 e 2, antes de abordar os entraves para fazer AP/AR e estratégias para resolver os problemas.

Entraves para fazer AP/AR

Adaptamos o questionário das possíveis razões para não fazer tarefas de autoajuda, de Beck, Rush, Shaw e Emery (1979, p. 408), para possibilitar que os participantes reconheçam que pode haver inúmeras questões que podem atrapalhar a realização do dever de casa de AP/AR. Outros tipos de resistência que podem interferir no progresso, particularmente aqueles relacionados com questões interpessoais, são abordados no livro de Leahy (2001), *Superando a resistência em terapia cognitiva*. Beck (2011, Cap. 17) tem uma discussão proveitosa sobre o dever de casa com ideias para aumentar a "aderência". Para uma descrição mais completa do uso do dever de casa na TCC, veja Kazantis, Deane, Ronan e L'Abate (2005).

Solução de problemas

Breves introduções para solução de problemas estruturada podem ser encontradas em Westbrook et al. (2011, pp. 264-266) e Sanders e Wills (2005, pp. 131-132). Para uma descrição mais detalhada do processo, veja Nezu, Nexu e D'Zurilla (2012).

Leitura adicional

Beck, A. T., Rush, J. A., Shaw, B. F., & Emery, G. (1979). *Cognitive therapy for depression*. New York: Guilford Press.

Kazantzis, N., Deane, F. P., Ronan, K. R., & L'Abate, L. (2005). *Using homework assignments in cognitive behavior therapy*. New York: Routledge.

Leahy, R. L. (2001). *Overcoming resistance in cognitive therapy*. New York: Guilford Press.

Nezu, A. M., Nezu, C. M., & D'Zurilla, T. J. (2012). *Problem-solving therapy: A treatment manual*. New York: Springer.

MÓDULO 7: IDENTIFICANDO PRESSUPOSTOS INÚTEIS E CONSTRUINDO NOVAS ALTERNATIVAS

Níveis de pensamento

A maioria dos textos introdutórios da TCC identifica três níveis de pensamento: pensamentos automáticos, pressupostos subjacentes (algumas vezes referidos como crenças intermediárias) e crenças nucleares; por exemplo, veja Beck (2011, Cap. 3) e Greenberger e Padesky (1995, Cap. 9).

Pressupostos subjacentes

Identificar pressupostos subjacentes e "regras de vida" e moldá-las em declarações explícitas é uma habilidade importante da TCC. Pressupostos e regras frequentemente fornecem a base para experimentos comportamentais (veja os módulos 8 e 11). Sanders e Wills (2005, pp. 137-143) e Beck (2011, Cap. 13) fornecem visões gerais úteis do papel dos pressupostos subjacentes na TCC e sugerem formas de identificá-los (Beck os chama de "crenças intermediárias"). Para uma descrição específica do papel dos pressupostos subjacentes no tratamento de transtornos de ansiedade, veja Butler, Fennel e Hackmann (2008, Cap. 2).

MÓDULO 8: USANDO EXPERIMENTOS COMPORTAMENTAIS PARA TESTAR PRESSUPOSTOS INÚTEIS COMPARANDO COM NOVAS ALTERNATIVAS

Experimentos comportamentais

A maioria dos participantes de AP/AR estará familiarizada com a exposição como uma intervenção importante em TCC. No entanto, alguns podem não ter tanta familiaridade com experimentos comportamentais. Sugerimos que eles devem ter! Pesquisas indicam que experimentos comportamentais são uma das intervenções mais poderosas na TCC (Bennett-Levy et al., 2004). Eles parecem ser mais efetivos do que os registros de pensamentos automáticos (Bennett-Levy, 2003; McManus, Van Doorn & Yiend, 2012) e mais efetivos do que a exposição em certos contextos, particularmente com clientes com ansiedade social (Clarck et al., 2006; McMillan & Lee, 2010; Ougrin, 2011).

Há diferenças importantes entre exposição e experimentos comportamentais. A exposição é baseada em um paradigma comportamental. O cliente é exposto a um estímulo temido, e o contato é mantido até que ocorra a habituação ao medo. Os experimentos comportamentais são baseados em um paradigma cognitivo-comportamental. Eles são concebidos para testar pensamentos, pressupostos ou crenças sobre si mesmo, sobre os outros ou sobre o mundo por meio de atividades experienciais planejadas. Em termos simples, o paradigma da exposição sugeriria que a pessoa que tem fobia de falar em público deve se engajar em oportunidades de falar em público até que seu medo se habitue. O paradigma dos experimentos comportamentais sugere que exposição isoladamente pode não ser suficiente; o medo não irá se habituar a não ser que as crenças que mantêm a fobia sejam identificadas com sucesso, desafiadas ou refutadas (p. ex., "Se eu der uma palestra, as pessoas verão o quanto sou burro" ou "Vou ficar vermelho e parecer um completo idiota" ou "Vou perder a linha de pensamento e acabar parado ali como uma estátua"). Os experimentos comportamentais, portanto, focam e testam as crenças idiossincrásicas do indivíduo.

Uma diferença fundamental entre exposição e experimentos comportamentais é que o paradigma da exposição é, em grande parte, limitado ao tratamento de transtornos de ansiedade, enquanto os experimentos comportamentais podem ser estabelecidos para testar as crenças de qualquer cliente com qualquer transtorno (p. ex., "Se eu sair da cama, vou ficar mais deprimido"). Em outras palavras, os experimentos comportamentais são intervenções mais versáteis e abrangentes do que a exposição.

Uma referência importante para a teoria, planejamento e prática de experimentos comportamentais é o *Oxford guide to behavioural experiments in cognitive therapy*, de Bennett-Levy et al. (2004). Capítulos com resumos úteis também podem ser encontrados em Westbrook et al. (2011, Cap. 9) e Butler et al. (2008, Cap. 6).

Distinção entre "cabeça" *versus* "coração" ou "visceral"

Todos os terapeutas da TCC estarão familiarizados com clientes que dizem: "Eu sei disso intelectualmente, mas... no meu coração... a minha reação visceral é...". Como indicamos no Capítulo 2, há boas bases teóricas para sugerir que a dissociação entre "cabeça" e "coração" ou crenças no "nível visceral" é uma função dos diferentes modos e níveis de processamento da informação. O modelo de Teasdale e Barnard do subsistema cognitivo interativo (SCI) — veja o Capítulo 2 e as referências de Teasdale e Barnard no final do livro — sugere que técnicas experienciais como experimentos comportamentais, imaginação e intervenções orientadas para o corpo provavelmente terão mais sucesso na criação de mudança em "nível visceral" do que técnicas cognitivas mais racionalistas sem um componente experiencial. Stott (2007) apresenta uma discussão interessante das diferenças entre os níveis da "cabeça" e do "coração" e suas implicações para a TCC.

No módulo 8 e em vários outros módulos, destacamos as diferenças entre crenças no nível da "cabeça" e "coração" ou "visceral" pedindo que os participantes façam avaliações separadas, de modo que eles mesmos possam experimentar essas diferenças e refletir sobre as implicações para o tratamento. É muito precoce dizer se existem diferenças significativas entre as diferentes "crenças corporais" (p. ex., "visceral" *versus* "coração"), mas algumas pesquisas sugerem que pode haver (Nummenmaa et al., 2014), com as crenças no "nível visceral" estando particularmente associadas às emoções de medo, ansiedade e repulsa.

Leitura adicional

Bennett-Levy, J. (2003). Mechanisms of change in cognitive therapy: The case of automatic thought records and behavioural experiments. *Behavioural and Cognitive Psychotherapy, 31*, 261–277.

Bennett-Levy, J., Butler, G., Fennell, M., Hackmann, A., Mueller, M., & Westbrook, D. (Eds.). (2004). *The Oxford guide to behavioural experiments in cognitive therapy.* Oxford, UK: Oxford University Press.

Clark, D. M., Ehlers, A., Hackmann, A., McManus, F., Fennell, M., Grey, N., et al. (2006). Cognitive therapy versus exposure and applied relaxation in social phobia: A randomized controlled trial. *Journal of Consulting and Clinical Psychology, 74*, 568–578.

McManus, F., Van Doorn, K., & Yiend, J. (2012). Examining the effects of thought records and behavioral experiments in instigating belief change. *Journal of Behavior Therapy and Experimental Psychiatry, 43*, 540–547.

McMillan, D., & Lee, R. (2010). A systematic review of behavioral experiments vs. exposure alone in the treatment of anxiety disorders: A case of exposure while wearing the emperor's new clothes? *Clinical Psychology Review, 30*, 467–478.

Nummenmaa, L., Glerean, E., Hari, R., & Hietanend, J. K. (2014). Bodily map of emotions. *Proceedings of the National Academy of Sciences, 111*, 646–651.

Ougrin, D. (2011). Efficacy of exposure versus cognitive therapy in anxiety disorders: Systematic review and meta-analysis. *BMC Psychiatry, 11*, 200.

Stott, R. (2007). When head and heart do not agree: A theoretical and clinical analysis of rational-emotional dissociation (RED) in cognitive therapy. *Journal of Cognitive Psychotherapy: An International Quarterly, 21*, 37–50.

MÓDULO 9: CONSTRUINDO *NOVAS FORMAS DE SER*

O modelo das *formas de ser*: *antigas* e *novas*

O modelo das *formas de ser* foi desenvolvido durante a escrita de *Experimentando a TCC de dentro para fora*. A primeira vez em que um de nós usou o termo *novas formas de ser* em uma publicação foi em Hackmann, Bennett-Levy e Holmes (2011). Ampliamos as ideias em Hackmann et al. para incluir uma abordagem baseada em esquemas, fundamentada no modelo SCI de Teasdale e Barnard. A justificativa teórica e clínica para o modelo das *formas de ser* é descrita no Capítulo 2. Em particular, reconhecemos a influência de Teasdale e Barnard, Brewin, Padesky e Mooney, e Korrelboom no nosso pensamento.

Uma das nossas descobertas no desenvolvimento do modelo das *novas formas* foi que o termo "esquema" essencialmente tem sido interpretado por terapeutas da TCC como se referindo a aspectos negativos: crenças nucleares negativas e/ou emoções e comportamentos negativos associados (veja James, Goodman, & Reichelt, 2014, para discussão adicional). No entanto, é muito evidente que os seres humanos têm esquemas tanto úteis quanto inúteis; e que muitos desses esquemas não estão necessariamente em um nível de crença nuclear. Eles são formas de fazer as coisas e regras que adotamos por meio da prática e da experiência. Os terapeutas experientes têm muitos esquemas automatizados e em grande parte inconscientes, os quais eles "*wheel in*" (embalam) e "*wheel out*" (desembalam) quando atendem clientes com diferentes apresentações. Seu pensamento é acompanhado de um conjunto de comportamentos, emoções e reações corporais que são consistentes e previsíveis em situações similares. Quando alguns desses esquemas não são tão funcionais ou efetivos quanto outros, eles podem se tornar um "problema desafiador" do tipo que os terapeutas podem abordar em AP/AR. Esses esquemas requerem atenção? Provavelmente. Eles requerem atenção em um nível de "crença nuclear"? Em muitos casos, provavelmente não.

A representação no modelo do disco das *antigas* e *novas formas de ser*

Queríamos representar o modelo das *formas de ser* de uma maneira holística. Depois de alguma experimentação, optamos por uma abordagem de "círculos concêntricos" em vez do que algumas vezes é denominado como formato do "diagrama do aquecimento central" (!) de formulações da TCC mais típicas. Isto é consistente com o modelo SCI de Teasdale e Barnard, que sugere que os esquemas são "*wheeled in*" (embalam) e "*wheeled out*" (desembalam) como um pacote de cognições, emoções, sensações corporais e comportamentos. Assim sendo, pareceu apropriado representar estes elementos como vizinhos próximos *e* como parte de um todo coerente. Um disco de círculos concêntricos pontilhados pareceu ser a melhor maneira de fazer isso. O disco também pode ser mais memorável para os clientes do que nossos diagramas de formulação usuais.

Na representação das *novas formas de ser*, introduzimos pontos fortes pessoais no centro do diagrama, uma vez que os pontos fortes estão na essência das *novas formas de ser*. Veja também a discussão no Capítulo 2 do modelo do disco.

O livro de registro das *novas formas de ser*

Inicialmente, concebemos o uso do registro dos dados positivos (Greenberger & Padesky, 1995, pp. 143-144) para registrar evidências das *novas formas de ser*. Entretanto, logo percebemos que a noção de *novas formas de ser* se estendia muito além da coleta de evidências para um novo conjunto de crenças. Sendo baseadas em esquemas, as *novas formas de ser* abrangem novos comportamentos, novas cognições, novos padrões subjacentes e novas formas de se engajar com o corpo e as emoções. Assim sendo, o livro de registro das *novas formas de ser* é usado para registrar não só o processo, mas também os resultados — as novas formas de fazer as coisas são por si só importantes, independentemente se elas têm algum efeito mensurável sobre as crenças.

Leitura adicional

Hackmann, A., Bennett-Levy, J., & Holmes, E. A. (2011). *The Oxford guide to imagery in cognitive therapy*. Oxford, UK: Oxford University Press.

James, I. A., Goodman, M., & Reichelt, F. K. (2014). What clinicians can learn from schema change in sport. *The Cognitive Behaviour Therapist, 6*, e14.

Teasdale, J. D. (1996). Clinically relevant theory: Integrating clinical insight with cognitive science. In P. M. Salkovskis (Ed.), *Frontiers of cognitive therapy* (pp. 26–47). New York: Guilford Press.

Teasdale, J. D. (1999). Emotional processing, three modes of mind and the prevention of relapse in depression. *Behaviour Research and Therapy, 37*, S53–S77.

MÓDULO 10: INCORPORANDO *NOVAS FORMAS DE SER*

Este módulo apresenta o trabalho de Korrelboom e colegas, treinamento da memória competitiva (COMET, do inglês *competitive memory training*). O Capítulo 2 descreve a justificativa para o COMET e suas associações com a descrição da competição pela recuperação da disponibilidade da memória. O trabalho de Korrelboom inclui narrativa, imaginação, movimento corporal e música. Oferece o tipo de abordagem experiencial que Teasdale sugere que deve impactar em um nível do "coração" ou "visceral" se praticada regularmente. O valor da abordagem COMET também é sugerido por pesquisas que demonstram um impacto positivo no humor de memórias de sucessos passados (Biondolillo & Pillemer, no prelo), imaginação positiva (Pictet, Coughtrey, Mathews, & Holmes, 2011), movimento corporal (Michalak, Mischnat, & Teismann, no prelo) e música (Sarkamo, Tervaniemi, Laitinen et al., 2008).

Leitura adicional

Biondolillo, M. J., & Pillemer, D. B. (in press). Using memories to motivate future behaviour: An experimental exercise intervention. *Memory*.

Korrelboom, K., Maarsingh, M., & Huijbrechts, I. (2012). Competitive memory training (COMET) for treating low self-esteem in patients with depressive disorders: A randomized clinical trial. *Depression and Anxiety, 29*, 102–112.

Korrelboom, K., Marissen, M., & van Assendelft, T. (2011). Competitive memory training (COMET) for low self-esteem in patients with personality disorders: A randomized effectiveness study. *Behavioural and Cognitive Psychotherapy, 39*, 1-19.

Michalak, J., Mischnat, J., & Teismann, T. (in press). Sitting posture makes a difference — Embodiment effects on depressive memory bias. *Clinical Psychology and Psychotherapy*.

Pictet, A., Coughtrey, A. E., Mathews, A., & Holmes, E. A. (2011). Fishing for happiness: The effects of generating positive imagery on mood and behaviour. *Behaviour Research and Therapy, 49*, 885-891.

Sarkamo, T., Tervaniemi, M., Laitinen, S., Forsblom, A., Soinila, S., Mikkonen, M., et al. (2008). Music listening enhances cognitive recovery and mood after middle cerebral artery stroke. *Brain, 131*, 866-876.

MÓDULO 11: USANDO EXPERIMENTOS COMPORTAMENTAIS PARA TESTAR E FORTALECER *NOVAS FORMAS DE SER*

Experimentos comportamentais para testar *novas formas de ser*

Há três formas de elaborar experimentos comportamentais para testar hipóteses. Podemos testar o antigo pressuposto (hipótese A) ou comparar um antigo pressuposto com um novo pressuposto (hipótese A *versus* hipótese B), como no módulo 8. Ou podemos simplesmente construir evidências para um novo pressuposto (hipótese B). Esta última opção é o foco do módulo 11.

Conforme observado no Capítulo 2, não é suficiente simplesmente testar um novo pressuposto. O modelo SCI de Teasdale e Barnard sugere que a mentalidade por meio da qual processamos o impacto de estratégias experienciais é crucial. Se processamos uma experiência por meio da mentalidade das *antigas formas de ser* (p. ex., "Me senti nervoso durante a minha palestra, mas consegui me safar"), ficamos em uma posição muito diferente do processamento da experiência a partir de uma mentalidade das *novas formas de ser* (p. ex., "Me senti nervoso durante minha palestra, mas controlei meu nervosismo e as pessoas pareceram muito receptivas ao que eu tinha a dizer"). Uma perspectiva das *novas formas de ser* tende a abrir a mente para diferentes tipos de informação que de outra forma seriam negligenciados ou ignorados por uma estrutura referencial das *antigas formas*. Daí a importância de experimentos comportamentais focados puramente na construção de evidências para a hipótese B. A mentalidade a partir da qual a experiência é processada determina a informação que é processada.

Criando uma imagem, metáfora ou desenho resumido

A inclusão de imagem, metáfora, ícone e/ou desenho resumido no módulo 11 é, em grande parte, devida ao trabalho de Padesky e Money (2000, 2012), que enfatizaram consistentemente o valor das imagens e metáforas como um resumo ou lembrete no seu modelo de antigo sistema/novo sistema. O treinamento da mente compassiva de Gilbert (2005, 2013) também enfatizou o valor da imaginação na criação de um *self* mais compassivo. Veja

Hackmann et al. (2011, Cap. 13) para exemplos do uso da imaginação para criar e construir *novas formas de ser*, baseados no trabalho de Padesky e Mooney, Gilbert e Korrelboom. Para mais informações sobre o uso de metáforas na TCC, veja Stott, Mansell, Salkovskis, Lavender e Cartwright-Hatton (2010). Desenho, pintura e outras formas de arte também possibilitam um meio de encapsular significados em um nível simbólico. Esta abordagem está bem articulada em um capítulo de Butler e Holmes (2009).

Leitura adicional

Butler, G., & Holmes, E. A. (2009). Imagery and the self following childhood trauma: Observations concerning the use of drawings and external images. In L. Stopa (Ed.), *Imagery and the damaged self: Perspectives on imagery in cognitive therapy* (pp. 166–180). New York: Routledge.

Gilbert, P. (Ed.). (2005). *Compassion: Conceptualisations, research and use in psychotherapy.* Hove, UK: Routledge.

Gilbert, P., & Choden. (2013). *Mindful compassion.* London: Robinson.

Hackmann, A., Bennett-Levy, J., & Holmes, E. A. (2011). *The Oxford guide to imagery in cognitive therapy.* Oxford, UK: Oxford University Press.

Mooney, K. A., & Padesky, C. A. (2000). Applying client creativity to recurrent problems: Constructing possibilities and tolerating doubt. *Journal of Cognitive Psychotherapy, 14,* 149–161.

Padesky, C. A., & Mooney, K. A. (2012). Strengths-based cognitive–behavioural therapy: A four-step model to build resilience. *Clinical Psychology and Psychotherapy, 19,* 283–290.

Stott, R., Mansell, W., Salkovskis, P., Lavender, A., & Cartwright-Hatton, S. (2010). *Oxford guide to metaphors in CBT: Building cognitive bridges.* Oxford, UK: Oxford University Press.

MÓDULO 12: MANTENDO E APRIMORANDO *NOVAS FORMAS DE SER*

Prevenção de recaída/mantendo e aprimorando *novas formas de ser*

A prevenção de recaída é um elemento-chave na entrega de uma TCC bem sucedida. As estratégias para prevenção de recaída estão baseadas na ideia de que o cliente tem dentro de si a possibilidade de se tornar o próprio terapeuta. Veja Sanders e Wills (2005, Cap. 9), Beck (2011, Cap. 18) e Newman (2013, Cap. 9) para dicas úteis sobre encerramento do tratamento e prevenção de recaída.

Por uma perspectiva das *novas formas de ser*, o propósito do(s) módulo(s) final(ais) é manter e aprimorar *novas formas de ser*, mais do que prevenir recaída. No entanto, a estratégia básica de revisão da aprendizagem e consideração das implicações para o futuro permanece em geral a mesma.

O plano de manutenção das *novas formas de ser*

O plano de manutenção das *novas formas de ser* segue de perto o tipo de planos "modelo" que os terapeutas da TCC frequentemente usam na(s) sessão(ões) final(ais) da terapia.

Os planos escritos para prevenir recaída no caso de desafios ou dificuldades, ou para manter e aprimorar as *novas formas de ser*, servem como um lembrete positivo do que fazer para manter o dinamismo. Butler et al. (2008, Cap. 10) apresentam uma descrição particularmente útil e detalhada do uso de planos para clientes com transtornos de ansiedade. Sanders e Wills (2005, p. 190) também fornecem um exemplo de um formulário simples para um plano.

Referências

1. Padesky, C. A. (1996). Developing cognitive therapist competency: Teaching and supervision models. In P. M. Salkovskis (Ed.), *Frontiers of cognitive therapy* (pp. 266–292). New York: Guilford Press.
2. Bennett-Levy, J., & Lee, N. (2014). Self-practice and self-reflection in cognitive behaviour therapy training: What factors influence trainees' engagement and experience of benefit? *Behavioural and Cognitive Psychotherapy, 42*, 48–64.
3. Bennett-Levy, J., Turner, F., Beaty, T., Smith, M., Paterson, B., & Farmer, S. (2001). The value of self-practice of cognitive therapy techniques and self-reflection in the training of cognitive therapists. *Behavioural and Cognitive Psychotherapy, 29*, 203–220.
4. Beck, A. T., & Freeman, A., & Associates. (1990). *Cognitive therapy of personality disorders*. New York: Guilford Press.
5. Beck, J. S. (1995). *Cognitive therapy: Basics and beyond*. New York: Guilford Press.
6. Friedberg, R. D., & Fidaleo, R. A. (1992). Training inpatient staff in cognitive therapy. *Journal of Cognitive Psychotherapy, 6*, 105–112.
7. Wills, F., & Sanders, D. (1997). *Cognitive therapy: Transforming the image*. London: Sage.
8. Safran, J. D., & Segal, Z. V. (1990). *Interpersonal processes in cognitive therapy*. New York: Basic Books.
9. Sanders, D., & Bennett-Levy, J. (2010). When therapists have problems: What can CBT do for us? In M. Mueller, H. Kennerley, F. McManus, & D. Westbrook (Eds.), *The Oxford guide to surviving as a CBT therapist* (pp. 457–480). Oxford, UK: Oxford University Press.
10. Beck, J. S. (2011). *Cognitive behavior therapy: Basics and beyond* (2nd ed.). New York: Guilford Press.
11. Kuyken, W., Padesky, C. A., & Dudley, R. (2009). *Collaborative case conceptualization: Working effectively with clients in cognitive-behavioral therapy*. New York: Guilford Press.
12. Newman, C. F. (2013). *Core competencies in cognitive-behavioral therapy*. New York: Routledge.
13. Bennett-Levy, J., Lee, N., Travers, K., Pohlman, S., & Hamernik, E. (2003). Cognitive therapy from the inside: Enhancing therapist skills through practising what we preach. *Behavioural and Cognitive Psychotherapy, 31*, 145–163.

14. Bennett-Levy, J., Thwaites, R., Chaddock, A., & Davis, M. (2009). Reflective practice in cognitive behavioural therapy: The engine of lifelong learning. In J. Stedmon & R. Dallos (Eds.), *Reflective practice in psychotherapy and counselling. Maidenhead* (pp. 115–135). Berkshire, UK: Open University Press.
15. Davis, M., Thwaites, R., Freeston, M., & Bennett-Levy, J. (2015). A measurable impact of a self-practice/self-reflection programme on the therapeutic skills of experienced cognitive-behavioural therapists. *Clinical Psychology and Psychotherapy, 22*, 176–184.
16. Thwaites, R., Bennett-Levy, J., Davis, M., & Chaddock, A. (2014). Using self-practice and self-reflection (SP/SR) to enhance CBT competence and meta-competence. In A. Whittington, & N. Grey (Eds.), *The cognitive behavioural therapist: From theory to clinical practice* (pp. 241–254). Chichester, UK: Wiley-Blackwell.
17. Haarhoff, B., & Farrand, P. (2012). Reflective and self-evaluative practice in CBT. In W. Dryden & R. Branch (Eds.), *The CBT handbook* (pp. 475–492). London: Sage.
18. Haarhoff, B., Gibson, K., & Flett, R. (2011). Improving the quality of cognitive behaviour therapy case conceptualization: The role of self-practice/self-reflection. *Behavioural and Cognitive Psychotherapy, 39*, 323–339.
19. Farrand, P., Perry, J., & Linsley, S. (2010). Enhancing Self-Practice/Self-Reflection (SP/SR) approach to cognitive behaviour training through the use of reflective blogs. *Behavioural and Cognitive Psychotherapy, 38*, 473–477.
20. Chellingsworth, M., & Farrand, P. (2013, July). *Is level of reflective ability in SP/SR a predictor of clinical competency?* British Association of Behavioural and Cognitive Psychotherapy Conference, London.
21. Chigwedere, C., Fitzmaurice, B., & Donohue, G. (2013, September). *Can SP/SR be a credible equivalent for personal therapy? A preliminary qualitative analysis.* European Association of Behavioural and Cognitive Therapies, Marrakesh, Morocco.
22. Gale, C., & Schroder, T. (2014). Experiences of self-practice/self-reflection in cognitive behavioural therapy: A meta-synthesis of qualitative studies. *Psychology and Psychotherapy: Theory, Research, and Practice, 87*, 373–392.
23. Fraser, N., & Wilson, J. (2010). Self-case study as a catalyst for personal development in cognitive therapy training. *The Cognitive Behaviour Therapist, 3*, 107–116.
24. Fraser, N., & Wilson, J. (2011). Students' stories of challenges and gains in learning cognitive therapy. *New Zealand Journal of Counselling, 31*, 79–95.
25. Chaddock, A., Thwaites, R., Freeston, M., & Bennett-Levy, J. (in press). Understanding individual differences in response to Self-Practice and Self-Reflection (SP/SR) during CBT training. *The Cognitive Behaviour Therapist, 7*, e14.
26. Schneider, K., & Rees, C. (2012). Evaluation of a combined cognitive behavioural therapy and interpersonal process group in the psychotherapy training of clinical psychologists. *Australian Psychologist, 47*, 137–146.
27. Cartwright, C. (2011). Transference, countertransference, and reflective practice in cognitive therapy. *Clinical Psychologist, 15*, 112–120.
28. Laireiter, A.-R., & Willutzki, U. (2003). Self-reflection and self-practice in training of cognitive behaviour therapy: An overview. *Clinical Psychology and Psychotherapy, 10*, 19–30.

29. Laireiter, A.-R., & Willutzki, U. (2005). Personal therapy in cognitive-behavioural therapy: Tradition and current practice. In J. D. Geller, J. C. Norcross, D. E. Orlinsky (Eds.), *The psychotherapist's own psychotherapy: Patient and clinician perspectives* (pp. 41–51). Oxford, UK: Oxford University Press.

30. Schön, D. A. (1987). *Educating the reflective practitioner*. San Francisco: Jossey-Bass.

31. Skovholt, T. M., & Rønnestad, M. H. (2001). The long, textured path from novice to senior practitioner. In T. M. Skovholt (Ed.), *The resilient practitioner: Burnout prevention and self-care strategies for counselors, therapists, teachers, and health professionals*. Boston: Allyn & Bacon.

32. Sutton, L., Townend, M., & Wright, J. (2007). The experiences of reflective learning journals by cognitive behavioural psychotherapy students. *Reflective Practice, 8*, 387–404.

33. Milne, D. L., Leck, C., & Choudhri, N. Z. (2009). Collusion in clinical supervision: Literature review and case study in self-reflection. *The Cognitive Behaviour Therapist, 2*, 106–114.

34. Bennett-Levy, J. (2006). Therapist skills: A cognitive model of their acquisition and refinement. *Behavioural and Cognitive Psychotherapy, 34*, 57–78.

35. Bennett-Levy, J., & Thwaites, R. (2007). Self and self-reflection in the therapeutic relationship: A conceptual map and practical strategies for the training, supervision and self-supervision of interpersonal skills. In P. Gilbert & R. Leahy (Eds.), *The therapeutic relationship in the cognitive behavioural psychotherapies* (pp. 255–281). London: Routledge.

36. Niemi, P., & Tiuraniemi, J. (2010). Cognitive therapy trainees' self-reflections on their professional learning. *Behavioural and Cognitive Psychotherapy, 38*, 255 –274.

37. Bennett-Levy, J., McManus, F., Westling, B., & Fennell, M. J. V. (2009). Acquiring and refining CBT skills and competencies: Which training methods are perceived to be most effective? *Behavioural and Cognitive Psychotherapy, 37*, 571–583.

38. Kazantzis, N., Reinecke, M. A., & Freeman, A. (2010). *Cognitive and behavioral theories in clinical practice*. New York: Guilford Press.

39. Teasdale, J. D. (1996). Clinically relevant theory: Integrating clinical insight with cognitive science. In P. M. Salkovskis (Ed.), *Frontiers of cognitive therapy* (pp. 26–47). New York: Guilford Press.

40. Teasdale, J. D. (1997). The transformation of meaning: The Interacting Cognitive Subsystems approach. In M. Power & C. R. Brewin (Eds.), *Meaning in psychological therapies: Integrating theory and practice* (pp. 141–156). New York: Wiley.

41. Teasdale, J. D. (1997). The relationship between cognition and emotion: The mind-in-place in mood disorders. In D. M. Clark & C. G. Fairburn (Eds.), *The science and practice of cognitive behaviour therapy* (pp. 67–93). Oxford, UK: Oxford University Press.

42. Teasdale, J. D. (1999). Emotional processing, three modes of mind and the prevention of relapse in depression. *Behaviour Research and Therapy, 37*, S53–S77.

43. Teasdale, J. D. (1999). Multi-level theories of cognition-emotion relations. In T. Dalgleish & M. Power (Eds.), *Handbook of cognition and emotion* (pp. 665–681). New York: Wiley.

44. Teasdale, J. D, & Barnard, P. J. (1993). *Affect, cognition and change: Re-modelling depressive thought*. Hove, UK: Erlbaum.

45. Brewin, C. R. (2006). Understanding cognitive behaviour therapy: A retrieval competition account. *Behaviour Research and Therapy, 44*, 765–784.

46. Mooney, K. A., & Padesky, C. A. (2000). Applying client creativity to recurrent problems: Constructing possibilities and tolerating doubt. *Journal of Cognitive Psychotherapy, 14*, 149–161.
47. Padesky, C. A. (2005, June). *The next phase: Building positive qualities with cognitive therapy*. Paper presented at the 5th International Congress of Cognitive Psychotherapy, Gotenburg, Sweden.
48. Padesky, C. A., & Mooney, K. A. (2012). Strengths-based cognitive–behavioural therapy: A four-step model to build resilience. *Clinical Psychology and Psychotherapy, 19*, 283–290.
49. Ekkers, W., Korrelboom, K., Huijbrechts, I., Smits, N., Cuijpers, P., & van der Gaag, M. (2011). Competitive memory training for treating depression and rumination in depressed older adults: A randomized controlled trial. *Behaviour Research and Therapy, 49*, 588–596.
50. Korrelboom, K., de Jong, M., Huijbrechts, I., & Daansen, P. (2009). Competitive memory training (COMET) for treating low self-esteem in patients with eating disorders: A randomized clinical trial. *Journal of Consulting Clinical Psychology, 77*, 974–980.
51. Korrelboom, K., Maarsingh, M., & Huijbrechts, I. (2012). Competitive memory training (COMET) for treating low self-esteem in patients with depressive disorders: A randomized clinical trial. *Depression and Anxiety, 29*, 102–112.
52. Korrelboom, K., Marissen, M., & van Assendelft, T. (2011). Competitive memory training (COMET) for low self-esteem in patients with personality disorders: A randomized effectiveness study. *Behavioural and Cognitive Psychotherapy, 39*, 1–19.
53. van der Gaag, M., van Oosterhout, B., Daalman, K., Sommer, I. E., & Korrelboom, K. (2012). Initial evaluation of the effects of competitive memory training (COMET) on depression in schizophrenia-spectrum patients with persistent auditory verbal hallucinations: A randomized controlled trial. *British Journal of Clinical Psychology, 51*, 158–171.
54. Hackmann, A., Bennett-Levy, J., & Holmes, E. A. (2011). *The Oxford guide to imagery in cognitive therapy*. Oxford, UK: Oxford University Press.
55. Persons, J. B. (2008). *The case formulation approach to cognitive-behavior therapy*. New York: Guilford Press.
56. Beck, A. T. (1976). *Cognitive therapy and the emotional disorders*. New York: International Universities Press.
57. Beck, A. T., Rush, A. J., Shaw, B. F., & Emery, G. (1979). *Cognitive therapy of depression*. New York: Guilford Press.
58. Kuehlwein, K. T. (2000). Enhancing creativity in cognitive therapy. *Journal of Cognitive Psychotherapy, 14*, 175–187.
59. Beck, A. T, Emery, G., & Greenberg, R. L. (1985). *Anxiety disorders and phobias: A cognitive perspective*. New York: Basic Books.
60. Harvey, A. G., Watkins, E., Mansell, W., & Shafran, R. (2004). *Cognitive behavioural processes across psychological disorders: A transdiagnostic approach to research and treatment*. Oxford, UK: Oxford University Press.
61. Hawton, K., Salkovskis, P., Kirk, J., & Clark, D. (1989). *Cognitive behaviour therapy for psychiatric problems*. Oxford, UK: Oxford University Press.

62. Salkovskis, P. M. (Ed.). (1996). *Frontiers of cognitive therapy*. New York: Guilford Press.
63. Barlow, D. H., Allen, L. B., Choate, M. L. (2004). Toward a unified treatment for emotional disorders. *Behavior Therapy, 35*, 205–230.
64. Barlow, D. H., Farchione, T. J., Fairholme, C. P., Ellard, K. K., Boisseau, C. L., Allen, L. B., et al. (2011). *Unified protocol for transdiagnostic treatment of emotional disorders: Therapist guide*. New York: Oxford University Press.
65. Frank, R. I., & Davidson, J. (2014). *The transdiagnostic road map to case formulation and treatment planning*. Oakland, CA: New Harbinger.
66. Farchione, T. J., Fairholme, C. P., Ellard, K. K., Boisseau, C. L., Thompson-Hollands, J., Carl, J. R., et al. (2012). Unified protocol for transdiagnostic treatment of emotional disorders: A randomized controlled trial. *Behavior Therapy, 43*, 666–678.
67. Titov, N., Dear, B. F., Schwencke, G., Andrews, G., Johnston, L., Craske, M. G., et al. (2011). Transdiagnostic internet treatment for anxiety and depression: A randomised controlled trial. *Behaviour Research and Therapy, 49*, 441–452.
68. Frederickson, B. (2009). *Positivity*. New York: Crown.
69. Seligman, M. E., Steen, T. A., Park, N., & Peterson, C. (2005). Positive psychology progress: Empirical validation of interventions. *American Psychologist, 60*, 410–421.
70. Sin, N. L., & Lyubomirsky, S. (2009). Enhancing well-being and alleviating depressive symptoms with positive psychology interventions: A practice-friendly meta-analysis. *Journal of Clinical Psychology, 65*, 467–487.
71. Snyder, C. R., Lopez, S. J., & Pedrotti, J. T. (2011). *Positive psychology: The scientific and practical explorations of human strengths* (2nd ed.). Los Angeles: Sage.
72. Wood, A. M., Froh, J. J., & Geraghty, A. W. (2010). Gratitude and well-being: A review and theoretical integration. *Clinical Psychology Review, 30*, 890–905.
73. Cheavens, J. S., Strunk, D. R., Lazarus, S. A., & Goldstein, L. A. (2012). The compensation and capitalization models: A test of two approaches to individualizing the treatment of depression. *Behaviour Research and Therapy, 50*, 699–706.
74. Vilhauer, J. S., Young, S., Kealoha, C., Borrmann, J., IsHak, W. W., Rapaport, M. H., et al. (2012). Treating major depression by creating positive expectations for the future: A pilot study for the effectiveness of future-directed therapy (FDT) on symptom severity and quality of life. *CNS Neurosciences and Therapeutics, 18*, 102–109.
75. Hays, P. A. (2012). *Connecting across cultures: The helper's toolkit*. Thousand Oaks, CA: Sage.
76. Naeem, F., & Kingdon, D. G. (Eds.). (2012). *Cognitve behaviour therapy in non-western cultures*. Hauppage, NY: Nova Science.
77. De Coteau, T., Anderson, J., & Hope, D. (2006). Adapting manualized treatments: Treating anxiety disorders among Native Americans. *Cognitive and Behavioral Practice, 13*, 304–309.
78. Grey, N., & Young, K. (2008). Cognitive behaviour therapy with refugees and asylum seekers experiencing traumatic stress symptoms. *Behavioural and Cognitive Psychotherapy, 36*, 3–19.
79. Bennett-Levy, J., Wilson, S., Nelson, J., Stirling, J., Ryan, K., Rotumah, D., et al. (2014). Can CBT be effective for Aboriginal Australians? Perspectives of Aboriginal practitioners trained in CBT. *Australian Psychologist, 49*, 1–7.

80. Naeem, F., Waheed, W., Gobbi, M., Ayub, M., & Kingdon, D. (2011). Preliminary evaluation of culturally sensitive CBT for depression in Pakistan: Findings from Developing Culturally-sensitive CBT Project (DCCP). *Behavioural and Cognitive Psychotherapy, 39*, 165–173.

81. Rathod, S., Phiri, P., Harris, S., Underwood, C., Thagadur, M., Padmanabi, U., et al. (2013). Cognitive behaviour therapy for psychosis can be adapted for minority ethnic groups: A randomised controlled trial. *Schizophrenia Research, 143*, 319–326.

82. Alatiq, Y. (2014). Transdiagnostic cognitive behavioural therapy (CBT): Case reports from Saudi Arabia. *The Cognitive Behaviour Therapist, 7*, e2.

83. Hays, P. (2009). Integrating evidence-based practice, cognitive-behavior therapy, and multicultural therapy: Ten steps for culturally competent practice. *Professional Psychology: Research and Practice, 40*, 254–360.

84. Hays, P. A., & Iwamasa, G. Y. (Eds.). (2006). *Culturally responsive cognitive-behavioral therapy: Assessment, practice, and supervision*. Washington, DC: American Psychological Association.

85. Bennett-Levy, J. (2003). Mechanisms of change in cognitive therapy: The case of automatic thought records and behavioural experiments. *Behavioural and Cognitive Psychotherapy, 31*, 261–277.

86. McManus, F., Van Doorn, K., & Yiend, J. (2012). Examining the effects of thought records and behavioral experiments in instigating belief change. *Journal of Behavior Therapy and Experimental Psychiatry, 43*, 540–547.

87. Padesky, C. A. (2005, May). *Constructing a new self: A cognitive therapy approach to personality disorders*. Workshop presented at the Institute of Education, London.

88. Korrelboom, K., van der Weele, K., Gjaltema, M., & Hoogstraten, C. (2009). Competitive memory training for treating low self-esteem: A pilot study in a routine clinical setting. *The Behavior Therapist, 32*, 3–8.

89. Bennett-Levy, J., Butler, G., Fennell, M., Hackmann, A., Mueller, M., & Westbrook, D. (Eds.). (2004). *The Oxford guide to behavioural experiments in cognitive therapy*. Oxford, UK: Oxford University Press.

90. James, I. A., Goodman, M., & Reichelt, F. K. (2014). What clinicians can learn from schema change in sport. *The Cognitive Behaviour Therapist, 6*, e14.

91. James, I. A. (2001). Schema therapy: The next generation, but should it carry a health warning? *Behavioural and Cognitive Psychotherapy, 29*, 401–407.

92. Fennell, M. (2004). Depression, low self-esteem and mindfulness. *Behaviour Research and Therapy, 42*, 1053–1067.

93. Safran, J. D., & Muran, J. C. (2000). *Negotiating the therapeutic alliance: A relational treatment guide*. New York: Guilford Press.

94. Gilbert, P., & Leahy, R. (Eds.). (2007). *The therapeutic relationship in the cognitive behavioural therapies*. London: Routledge.

95. Freeston, M., Thwaites, R., & Bennett-Levy, J. (in preparation). *Horses for courses: Designing, adapting and implementing self-practice/self-reflection programmes*.

96. Bennett-Levy, J., & Beedie, A. (2007). The ups and downs of cognitive therapy training: What happens to trainees' perception of their competence during a cognitive therapy training course? *Behavioural and Cognitive Psychotherapy, 35*, 61–75.

97. Beck, J. S. (2005). *Cognitive therapy for challenging problems*. New York: Guilford Press.
98. Bennett-Levy, J., & Padesky, C. A. (2014). Use it or lose it: Post-workshop reflection enhances learning and utilization of CBT skills. *Cognitive and Behavioral Practice, 21*, 12–19.
99. Barnard, P. J. (2004). Bridging between basic theory and clinical practice. *Behaviour Research and Therapy, 42*, 977–1000.
100. Barnard, P. J. (2009). Depression and attention to two kinds of meaning: A cognitive perspective. *Psychoanalytic Psychotherapy, 23*, 248–262.
101. McCraty, R., & Rees, R. A. (2009). The central role of the heart in generating and sustaining positive emotions. In S. Lopez & C. R. Snyder (Eds.), *Oxford handbook of positive psychology* (pp. 527–536). New York: Oxford University Press.
102. Michalak, J., Mischnat, J., & Teismann, T. (in press). Sitting posture makes a difference — Embodiment effects on depressive memory bias. *Clinical Psychology and Psychotherapy*.
103. Niedenthal, P. M. (2007). Embodying emotion. *Science, 316*, 1002–1005.
104. Nummenmaa, L., Glerean, E., Hari, R., & Hietanen, J. K. (2014). Bodily maps of emotions. *Proceedings of the National Academy of Sciences, 111*, 646–651.
105. Haarhoff, B., & Thwaites, R. (2016). *Reflection in CBT*. London: Sage.

Índice

A

Acrônimo SMART, 72-75, 137, 258. *Ver também* Objetivos
ADDRESSING, acrônimo, 8-9, 59-63
Adivinhação
    viés cognitivo, 106-108
Afastamento, 114
Ansiedade, 3, 7-8, 13-14, 35-36, 43-46, 49-50, 241, 262-263
Atenção seletiva, 108-110, 127
Ativação comportamental, 83-94, 259
Atividade reduzida, 114
Atividades prazerosas, 89-94
Autocrítica, 24
Autocuidado, 25-26
Autoprática/autorreflexão (AP/AR). *Ver também* participantes de AP/AR; Trabalho em grupo com AP/AR
    alinhando com as competências e necessidades dos participantes, 31-33
    contextos de AP/AR, 18-19
    examinando seus entraves e, 140-141
    modelo das formas de ser (WoB) e, 13-14
    preparando para, 32-38
    questões práticas da, 20-23
    visão geral, 1-3
Avaliação, 34-36, 256

C

"Cabeça", distinção entre "coração" ou "visceral", 10-11, 68, 174-177, 182-184, 192, 195-196, 207, 223, 225, 230-231, 244, 263-266
Capacidade reflexiva, 22-26
Ciclos de manutenção, 100, 113-116, 260
Cognições. *Ver* Pensamentos
Colegas, trabalhando AP/AR com, 18-19
COMET (treinamento da memória competitiva)
    adicionando música e movimento corporal à história, 212-213
    antecipando problemas potenciais, 213-215
    fortalecendo *novas formas de ser*, 215-216
    narrativa em que as *novas formas de ser* estiveram em evidência, 209-212
    visão geral, 11-13, 207, 209, 265-267
Comportamento. *Ver também* Comportamentos de evitação; Comportamentos de fuga
    antigas/inúteis formas de ser e, 191-194
    comportamento(s) de busca de segurança, 110-111, 129
    comportamentos compensatórios, 158-166
    criando novos padrões de pensamento e comportamento, 167-168
    modelo de cinco partes e, 54-58
    novas formas de ser, 195-200
    padrões de mudança do, 83-90
    padrões inúteis e processos de, 106-112
    planejando comportamentos ou atividades alternativas, 89-94
    visão geral, 6-8, 259-260
Comportamentos compensatórios, 158-159, 161-162, 164-165, 167-168
Comportamentos de busca de segurança, 110-111, 129
Comportamentos de evitação
    criando novos padrões de pensamento e comportamento, 167-168
    identificando, 158-159, 162-165
    questionamento socrático e, 128
    visão geral, 109-111

Comportamentos de fuga, 109-111, 128
Comportamentos repetitivos, 161-162
Compromissos, 34-36
Confidencialidade, 21-23, 34-36
Conhecimento declarativo, 3, 31
Conhecimento proposicional, 10-11
Construindo *novas formas de ser*, 191-202
Conteúdo do pensamento, 6-8
Crenças, 99-109, 113-116, 173-175, 198.
  Ver também Crenças nucleares; Pressupostos subjacentes
Crenças nucleares, 157. Ver também Crenças

D
Declaração do problema, 65-66, 257-258
Definindo objetivos. Ver Objetivos
Depressão, 7-8, 11-12, 31, 44-45, 240-241, 256
Desqualificando o viés cognitivo positivo, 106-108
Diário de atividades e do humor, 84-88
Discussões *on-line*, 37-39. Ver também Trabalho em grupo com AP/AR

E
Emoções, 54-58, 191-200
Empatia, 2
Entraves, 140-141, 261
Escala visual analógica (EVA), 48-51, 139, 242, 257
Escrita autorreflexiva, 25, 26. Ver também Reflexão
Esquemas, 10-14, 32-33, 264-266
Estratégia de salvaguarda pessoal, 18, 21-23, 37-38
Estratégias de enfrentamento, 161-162
Estratégias de enfrentamento rígidas, 161-162
Exercícios narrativos, 209-213
Experimentos comportamentais
  experimentos de *follow-up*, 185, 232
  identificando um pressuposto de *novas formas de ser* para, 223-224
  modelo dos subsistemas cognitivos interativos (SCI) e, 10-11
  novas formas de ser e, 224-228
  planejando, 174-180, 224-228
  revisando, 181-193, 229-231
  visão geral, 173-175, 221, 262-267

F
Facilitador de AP/AR

cuidado dos participantes pelo, 39-40
papel do, 30-31
preparando para AP/AR e, 32-38
visão geral, 29, 40
Fatores de vulnerabilidade, 131-133
Fazendo *brainstorm* das soluções, 143, 145
Formulação, 6, 257-258, 261
Formulação baseada nos pontos fortes, 66-70
Formulação descritiva, 54-58
Formulação do problema, 131-133
Formulação situacional, 53-54. Ver também Problema desafiador

G
GAD-7, 43-46, 240-241, 256
Gerenciamento do tempo, 20-22, 34-35

H
Habilidades procedurais, 3, 31

I
Identidade cultural, 59-64, 257
Identificação do problema, 143-145, 256
Intervenções baseadas na imaginação, 10-14, 26, 71-72, 76, 100, 137, 155-156, 192, 195-200, 211-216, 246-247, 258, 263-264, 267-269
Intervenções orientadas para o corpo, 5, 10-14, 212-213, 215, 263-264

L
Livro de registro
  revisando, 207-209, 221-222, 246-247
  usando, 201-202
  visão geral, 198-200, 265-266
Livro de registro das *novas formas de ser*
  revisando, 207-209, 221-222, 246-247
  usando, 201-202
  visão geral, 198-200, 265-266

M
Medida idiossincrásica pessoal, 48-51
Mente compassiva, 10-11, 24, 101-102, 223, 267-269
Modelo das formas de ser (WoB). Ver também *Novas formas de ser*
  influências clínicas no, 11-13
  fundamentos da ciência cognitiva do, 10-12
  visão geral, 6, 12-15, 155-156
Modelo de cinco partes

adicionando fatores culturais ao, 63-64
autorreflexão referente ao, 78-81
declaração do problema, 66
identidade cultural, 59-64
identificando pontos fortes e, 66-70
visão geral, 54-58, 257
Modelo de competição pela recuperação, 6, 10-12
Modelo do disco, 14-15, 192-197, 265-266
Modelo do disco de *antigas/inúteis formas de ser* e, 14-15
    formulando, 192-194
    revisando, 244
    visão geral, 12-14, 156, 191-192, 264-266
Modelo dos subsistemas cognitivos interativos (SCI), 6, 10-15, 191-192, 263-267
Modelos multiníveis de processamento da informação, 191-192
Monitoramento do progresso
    manutenção e, 240-250
    medidas da linha de base, 43-46
    revisando os objetivos, 137-141
    solução de problemas, 142-147
    visão geral, 137, 261-263
Música, 212-213

N

Níveis de pensamento, 155-158
Novas formas de ser. Ver também Modelo das formas de ser (WoB)
    adicionando música e movimento corporal à história, 212-213
    antecipando problemas potenciais, 213-215
    construindo, 191-202
    estabelecendo, 195-200
    experimentos comportamentais, 223-234
    fortalecendo, 207-237
    imagem, metáfora ou desenho resumido para capturar, 233-234
    incorporando, 10-12, 207-212, 233, 265-266
    mantendo e melhorando, 201-202, 239-240
    narrativa em que *novas formas de ser* estiveram em evidência, 209-212
    revisando, 207-209, 221-222, 245-250
    visão geral, 12-14, 155-156, 191-192, 264-269

O

Objetivos
    acrônimo SMART, 72-75
    definindo, 71-75
    estratégias para atingir, 76-77
    revisando, 137-141, 242-243
    visão geral, 258

P

Padrões. *Ver também* Comportamento; Pensamentos
    antigas/inúteis formas de ser e, 191-194
    criando novos padrões de pensamento e comportamento, 167-168
    formulação do problema e, 131-133
    novas formas de ser, 195-200
    questionamento socrático e, 126-130
    visão geral, 106-115, 259, 260
Padrões de pensamento, 126-130
Papel de facilitador, 30-31. *Ver também* Facilitador de AP/AR
Participantes de AP/AR. *Ver também* Autoprática/autorreflexão (AP/AR)
    alinhando AP/AR com as competências e necessidades dos, 31-33
    contextos de AP/AR, 18-19
    dever de cuidar do facilitador e, 39-40
    visão geral, 17-18
Pensamento do tipo tudo ou nada, 106-108
Pensamento inútil, 260-263. *Ver também* Pensamentos; Pensamentos automáticos negativos (PANs)
Pensamento obsessivo, 112, 130
Pensamento repetitivo, 112, 130
Pensamentos. *Ver também* Pensamento inútil; Pensamentos automáticos negativos (PANs)
    antigas/inúteis formas de ser e, 191-185
    atenção seletiva, 108-110
    ciclos de manutenção e, 113-116
    comportamentos de busca de segurança, 110-111
    comportamentos de evitação e fuga, 109-111
    criando novos padrões de pensamento e comportamento, 167-168
    modelo de cinco partes e, 54-58
    modificando, 122-125
    novas formas de ser, 195-200
    padrões e processos inúteis de, 106-112

pensamento repetitivo, 112
pensamentos automáticos negativos
 (PANs), 113-116
testando pensamentos automáticos
 negativos com, 122-125
visão geral, 260, 262-263
Pensamentos automáticos. *Ver* Pensamentos;
 Pensamentos automáticos negativos (PANs)
Pensamentos automáticos negativos (PANs)
Ver também Pensamentos
identificando, 100-105
usando registros de pensamentos para
 testar, 122-125
vieses cognitivos, 106-109
visão geral, 99-100, 260
Perfeccionismo, 113
Perguntas de autorreflexão
ativação comportamental, 95-98
experimentos comportamentais, 186-190,
 234-237
modelo de cinco partes e, 78-81
modificando pensamento e comportamento
 inútil, 134-136
novas formas de ser, 202-205, 217-219,
 234-237, 251-254
pressupostos subjacentes, 168-171
problema desafiador e, 50-52
revisão do progresso, 148-151
PHQ-9, 43-46, 240-241, 256
Plano (*Ver* Plano de manutenção das *novas
 formas de ser*), 239, 248, 267-269
Plano de manutenção, 248-250, 267-269
Plano de manutenção das *novas formas de ser*,
 248-249, 267-269
Pontos fortes, 5, 7-9, 13-15, 54, 66-70, 90, 122,
 131-132, 145-146, 155-156, 191, 195-208,
 225-231, 239, 244-247, 257-258, 265-266
Pontos fracos, 145, 146
Preocupação, 112, 130
Pressupostos. *Ver* Pressupostos subjacentes
Pressupostos subjacentes. *Ver também* Crenças
criando novos padrões de pensamento e
 comportamento, 167-168
criando novos pressupostos alternativos e,
 166-167
experimentos comportamentais e,
 173-175, 223-224
identificando, 158-159, 164-166
visão geral, 156-158, 262-263

Prevenção de recaída, 248-250, 267-269
Problema desafiador
declaração do problema, 65-66
formulação situacional do, 53-54
identificando, 43-52, 256-258
seleção para o trabalho de AP/AR, 20
solução de problemas e, 142-147
Problemas pessoais, 20. *Ver também* Problema
 desafiador
Problemas profissionais, 20. *Ver também*
 Problema desafiador
Processamento da informação, 10, 191-192
Processo de pensamento, 6-8, 23-26, 106-115,
 122-133, 260
Profecias autorrealizadas, 113
Programação, 92-93
Programação de atividades, 89-94
Programando o trabalho de AP/AR, 20-22
Prospecto do programa, 33-38

Q

Questionamento, 100-102. *Ver também*
 Questionamento socrático
Questionamento socrático, 121-122, 126-130,
 261

R

Reflexão
alinhando AP/AR com as competências e
 necessidades da, 31-33
autocuidado e, 25-26
escrita autorreflexiva, 25-26
perguntas autorreflexivas, 117-119
preparando para AP/AR e, 34-35
preparando para, 22-23, 26
processo de, 23-26
visão geral, 26
Registros de pensamento, 102-105, 260
Reunião pré-programa, 32-39
Reuniões em grupo presenciais, 38-39. *Ver
 também* Trabalho em grupo com AP/AR
Revisando o progresso. *Ver* Monitorando o
 progresso
Rotina para o trabalho de AP/AR, 20-22
Ruminação, 24, 112, 130

S

Segurança com o processo de AP/AR, 21-23,
 29-30, 33-38
Sensações corporais, 5, 54-58, 191-200

Sistema implicacional, 10-11, 14-15
Solução de problemas, 142-147, 262-263
Supervisão, 19-20, 31

T
Técnica da seta descendente, 100-102, 260
Temas. *Ver* Temas pessoais recorrentes
Temas pessoais, 158-160
Temas pessoais recorrentes, 158-160
Teoria cognitivo-comportamental, 156-158
Terapia cognitivo-comportamental (TCC), 1-3, 6-9, 14-15, 255-256
Trabalho AP/AR com um colega, 18-19
Trabalho em grupo com AP/AR. *Ver também* Autoprática/autorreflexão (AP/AR)
    alinhando AP/AR com as competências e necessidades do, 31-33
    facilitador de AP/AR e, 30-31
    preparando para AP/AR e, 32-38
    processo grupal e, 37-39
    visão geral, 19
Trabalho individual com AP/AR, 18

V
Viés cognitivo de catastrofização, 106-107
Viés cognitivo de generalização excessiva, 106-108
Viés cognitivo de leitura mental, 106-108
Viés cognitivo de maximização, 106-107
Viés cognitivo de minimização, 106-107
Viés cognitivo de personalização, 106-108
Viés cognitivo de rotulagem, 106-108
Viés cognitivo vendo as emoções como fatos, 106-107
Vieses cognitivos, 106-109, 126-130, 157, 198, 209, 260
"Visceral", distinção de "cabeça". *Ver* "Cabeça", distinção entre "cabeça" ou "visceral"